高等学校教材

低维光电纳米材料技术与应用

\+ + + + + + + + + + + + + + +

陈 勇 程佳吉 曹万强 等编著

DIWEI GUANGDIAN NAMI CAILIAO JISHU YU YINGYONG

·北 京·

内容简介

《低维光电纳米材料技术与应用》共分为 3 篇。第 1 篇针对低维材料中的无机量子点、钙钛矿量子点、手性材料、手性有机-无机钙钛矿材料和二维材料，介绍了它们的基本概念、合成方法、光电性质及其应用；第 2 篇介绍了最基本的光电测试方法，以及用于解释测试结果的物理原理；第 3 篇详述了 8 个基本的合成实验，引导读者按照实验操作步骤制备出相应的材料，并详述了 3 个研发范例，介绍了如何利用物理原理或化学原理系统性地设计实验方案，解决材料研究中遇到的实际问题，提高光电器件的性能。

《低维光电纳米材料技术与应用》可作为高等院校材料类专业研究生低维光电方向的理论及实验课程教材或自学入门教材，也可作为本科生的专业选修课教材、实验操作指导教材，或作为先进材料领域技术研发人员的培训教材或技术参考书。

图书在版编目（CIP）数据

低维光电纳米材料技术与应用/陈勇等编著．—北京：化学工业出版社，2022.8（2023.6 重印）

ISBN 978-7-122-41351-2

Ⅰ．①低… Ⅱ．①陈… Ⅲ．①低维物理-光电材料-纳米材料 Ⅳ．①TB383

中国版本图书馆 CIP 数据核字（2022）第 074426 号

责任编辑：陶艳玲　　文字编辑：王丽娜　师明远

责任校对：宋　夏　　装帧设计：史利平

出版发行：化学工业出版社（北京市东城区青年湖南街 13 号　邮政编码 100011）

印　　装：北京七彩京通数码快印有限公司

787mm×1092mm　1/16　印张 9½　字数 196 千字

2023年 6 月北京第 1 版第 2 次印刷

购书咨询：010-64518888　　售后服务：010-64518899

网　　址：http：//www.cip.com.cn

凡购买本书，如有缺损质量问题，本社销售中心负责调换。

定　　价：59.00 元

版权所有　违者必究

前言

低维光电纳米材料是近年来发展迅猛的多方向热门前沿领域：量子点优异的发光性能、手性材料独特的生物活性和二维材料的红外敏感特性均在国内外激起了广泛而强烈的研究兴趣，在高性能光电信息器件、能源材料、生物医学等领域具有重要的应用潜力。掌握低维光电材料在结构与性能方面的可控制备是上述应用的前提和基础。本书详尽地论述了低维光电纳米材料领域的基础理论知识、前沿的发展动态和基本的实验操作技能，为低维光电材料领域创新人才的培养提供素材。

本书主要有3篇：第1篇为低维光电纳米材料基本性能与制备方法的介绍，包含6章。主要介绍了无机量子点，铯铅卤钙钛矿纳米晶，手性无机纳米材料，手性有机-无机杂化金属卤化物、二维材料和用于器件制作的柔性透明电极等方面的基本性质、最常用的可控制备方法和相关成果，构建了制备低维光电器件的基础。第2篇介绍基本的光学测试原理、手性测试原理和固体发光理论。其中，紫外-可见吸收光谱原理和荧光分析原理结合了量子点材料发光的测试原理；手性测试原理主要介绍涉及偏振光的光学性质和圆二色谱法测试手性材料的基本原理；元激发方面介绍了涉及有机材料和半导体材料的激子原理及其光吸收特性，涉及金属纳米材料的等离子振荡原理及其共振光吸收特性；固体光吸收部分介绍了由麦克斯韦方程组所导出的材料电导率和介电常数对光吸收及光反射的规律。第3篇详细介绍了8个光电纳米材料制备实验和3个实际研发范例。 8个材料制备实验包含了发光量子点、手性材料和二维材料的制备，均为基础性的入门级实验，便于读者学习和实践，逐步理解实验制备原理、测试原理和分析方法。 3个实际研发范例指导读者如何从物理和化学的基本原理入手，通过机理分析发现现有的实验缺陷，从而产生思路，再通过大量试验逐步获取规律，从而完成整个研究的过程，体现了基础知识对设计实验方案和解释实验结果的指导意义，从而避免了实验工作的盲目性，展示了解决实际问题的方法，对实验中如何产生创新思维具有启发性。

本书由陈勇、程佳吉、曹万强等编著。参加编写人员分工如下：第1篇第1章由潘瑞琨负责编写；第2章由沈孟负责编写；第3章由曹万强负责编写；第4章由叶葱负责编写；第5章由张蕾负责编写；第6章由郑克玉负责编写；第2篇由陈勇负责编写；第3篇由程佳吉负责编写。感谢陈威博士、李以文博士和刘培朝博士的帮助及王仁龙、乐耀昌和赵祺提供的研发范例，感谢郭志航、周君、龚甜和林家颖提供的制备实验资料。感谢中科院半导体研究所储泽马博士和南京理工大学材料学院陈嘉伟博士对部分内容的修改。

特别感谢中科院半导体研究所游经碧研究员和南京理工大学材料学院院长曾海波教授的指导及撰写了第2章中的部分内容。

本书可作为高等院校的材料类研究生低维光电方向的理论及实验课程教材或自学入门教材，以及本科生的专业选修课教材、相关本科专业的公选课教材、实验操作指导教材，也可作为先进材料领域内从事专门技术研发人员的培训教材或技术参考书。

感谢湖北大学物理与电子科学学院和材料科学与工程学院对本书工作的支持。

由于时间和水平有限，书中难免会有不妥之处，敬请读者批评指正。

编著者

目录

第 2 篇 83

光谱测试与光吸收原理

第 1 篇

低维光电纳米材料的基本性能与制备方法

第1章

无机量子点

1.1 量子点定义

量子点（QDs）是一种零维半导体材料，其形状通常为球形或类球形，尺寸在纳米级别，直径一般为2～20nm。它能够将导带上的电子、价带上的空穴及激子束缚在三维空间尺度上，使其具有分离的量子化能谱，表现出强烈的量子限域特性，由此可以通过控制量子点的大小发出不同颜色的光。同时，量子点有窄的发射线宽，导致更宽的色域，可用于高质量的显示。目前，量子点被广泛地应用在发光LED、显示器、太阳能电池、生物医学等众多领域，然而，基于绿色环保的要求，如何制备出无毒、稳定、高荧光量子产率的量子点仍是一大挑战。

1.2 量子点分类

一般按元素组成分类，可以分为Ⅳ族量子点、Ⅱ-Ⅵ族量子点、Ⅰ-Ⅲ-Ⅵ族量子点以及钙钛矿量子点。依据材料特性，还可将量子点分为元素半导体量子点、化合物半导体量子点、异质结量子点。如果按照能级分布，也可将其分为宽带隙量子点和窄带隙量子点。

量子点能级带隙的宽窄受量子尺寸效应影响较大。通过调节半导体量子点的尺寸可以实现对能级的调控，进而实现量子点的大范围应用，即半导体量子点的能带工程。量子尺寸效应与反应时间、温度、投料比密切相关。量子点尺寸越大，能带带隙越小，发光波长红移；反之，量子点尺寸越小，能带带隙越大，发光波长蓝移。通过改变量子点的尺寸，可在显示器件中实现可见光波长的全覆盖。

（1）Ⅳ族量子点

目前研究较多的有C、Si、Ge这几种量子点，这类量子点主要在生物医学领域应用较多。例如碳点离子检测方面的应用，将发蓝光的碳点与红光 CdSe/ZnS 量子点络合在一起，由于 Cu^{2+} 对碳点具有荧光猝灭作用而对 CdSe/ZnS 没作用，因此可以通过荧光颜色变化来判断是否有 Cu^{2+}。

(2) Ⅱ-Ⅵ族量子点

目前研究较多的有 CdX（X＝Te，S，Se）和 ZnX（X＝O，S，Se，Te）这几种量子点。1981 年瑞士物理学家在水溶液中制备出硫化镉胶体量子点。1983 年贝尔实验室的 Brus 发现硫化镉胶体的激子能量随其尺寸大小而变化，首次提出胶体量子点的概念[1]。1993 年，麻省理工学院的 Bawendi 教授团队用化学溶液生长法首次在有机溶液中合成出了量子点：将三种氧族元素（硫、硒、碲）溶解于三正辛基氧膦中，并在 200～300℃的有机溶液中与二甲基镉反应，生成相应的量子点（硫化镉、硒化镉、碲化镉）[2]。之后，量子点技术得到了飞速发展，其制备方法发展至今也得到了极大的发展。1996 年，Hines 第一次合成 ZnS 包覆 CdSe 量子点，这种核壳结构量子点相较于包壳之前，不仅发光波长会红移，其稳定性也得到了提高[3]。

直到 1997 年，量子点的发展取得巨大进步，其应用范围扩展到生物医学领域。在随后一年，量子点作为生物探针的论文首次被报道，当时 Alivisatos 教授[4] 和聂书明教授[5] 几乎于同一时间在 *Science* 期刊上发表了有关量子点作为生物探针的论文，首次将量子点作为生物荧光标记，并应用于活细胞体系。他们解决了如何将量子点溶于水溶液，以及量子点如何通过表面的活性基团与生物大分子偶联的问题，由此引起研究者对量子点在医学领域应用的广泛探索。

2001 年，彭笑刚和 Alivisatos 教授[6] 通过在 LED 中插入一层绝缘层来平衡电荷，防止性能降低，从而达到 20.5%的外发光效率，将量子点的大规模生产变为可能。之后一年，量子点首次被应用到太阳能电池上。自 2004 年之后，$CuInS_2$、InP、ZnSe、Si、C 等无重金属离子量子点相继出现。

(3) Ⅰ-Ⅲ-Ⅵ族量子点

目前研究的较多的有 $CuInS_2$、$CuGaS_2$、$AgInS_2$、AgInSe 和 $AgGaS_2$ 这几种量子点。它们属于无镉量子点，具有大的斯托克斯位移，但是其发射光谱半峰宽较宽（大于 100 nm)，在 WLED 中有一定的应用，在太阳能电池中应用也较为广泛。

Ⅰ-Ⅲ-Ⅵ族三元量子点发射光谱从可见光到近红外可调，其吸收光谱广，激子寿命长，不含镉元素与铅元素，是一种相对绿色的量子点，可作为敏化太阳能电池。此外，由于其斯托克斯位移大，可以分散在玻璃中，吸收紫外光转化成近红外光，也可以传导到玻璃侧边的硅基太阳能电池板上发电。同时，可见光可以透过玻璃，不影响玻璃透明度，因此可用作太阳能聚光材料。

(4) 钙钛矿量子点

钙钛矿量子点通常是指具有 AMX_3 通式的量子点，其中 $A = CH_3NH_3^+$、

$C_2H_5NH_3^+$、$HC(NH_2)_2^+$、Cs^+；M=Pb，Sn，Cu，Ge 等；X=Cl，Br，I。由最初的有机无机杂化钙钛矿量子点延伸而来的量子产率更高的全无机钙钛矿 $CsPbX_3$（X=Cl，Br，I）的出现让量子点得到更有效的利用。2015 年初，曾海波教授团队率先发展了全无机钙钛矿量子点在 QLED 器件中的应用，但铅的存在对于环境仍是一大威胁，如何制备完全无铅而荧光量子产率仍然保持高效、稳定的量子点成为当前量子点研究发展的又一课题。

1.3 无机量子点的制备

1.3.1 制备方法概述

量子点的制备方法通常可分为物理法和化学法两大类[3]，物理法通常有研磨法、微加工法、分子束外延法等。但是该法的弊端也很多，譬如成本过高、形成的量子点不稳定等，因而使得该法的应用受到限制。相对地，化学法是应用较为广泛的合成方法，通常包括胶体法、化学腐蚀法、气相沉积法、溶胶-凝胶法、电化学法和离子注入法等。量子点的尺寸过小，已经很难用 Top-Down 的方法制备，目前的制备方法都是 Bottom-Up，即用三口烧瓶装好反应液，在底部进行加热合成。

现阶段对于胶体量子点的合成，通常采用胶体法，而胶体法又可分为有机相合成法和水相合成法两类。有机相合成法即在有机相内进行制备，在拥有配位性质的有机体系内，利用金属有机化合物和非金属元素进行混合反应制备量子点。而对于水相法，即以水为溶剂进行的合成，在制备前首先合成金属与非金属元素的混合前驱体，然后在无氧环境内合成所需量子点。目前，这两类合成胶体量子点的方法都有其各自弊端和优点，需要进一步优化合成路线。

1.3.2 碳量子点的制备方法

碳量子点（carbon quantum dots，CQDs）是继富勒烯、碳纳米管及石墨烯之后的碳纳米材料之一。它具有良好的荧光特性、水溶性、生物相容性、化学惰性和低毒性，能够被用于生物标记、生物传感、生化分析、光电子器件、光催化及药物载体等领域，引起了人们广泛的兴趣。

目前，对碳量子点的研究重点主要集中在快速简便地制备以及有效地利用其荧光特性，深入研究荧光发光机理，并为有效地调控其荧光功能提供理论指导。

经过过去十余年的发展，各国的科学家们已经开发出了许多种不同的合成碳量子点的方法，应用于各类碳量子点的制备。其中可根据碳源的不同，分为自上而下法和自下而上法。

(1) 自上而下法

指使用尺寸较大的碳源，经过物理过程或化学过程处理，之后剥离出尺寸极小的碳量子点。自上而下法主要通过分解有机物来得到最终形成的碳量子点材料。

① 电弧放电法

电弧放电生产碳量子点是指气体被电流击穿，发出强光并产生高温的自持放电形式。2004 年，Xu 等人采用凝胶电泳法来分离纯化通过电弧放电法合成的单壁碳纳米管悬浮液时，发现在凝胶电泳的作用下样品被分为三个部分，采用电泳法能够依次分离出可以放射蓝绿色、黄色和橘红色荧光的三种碳纳米材料，从而发现了碳量子点。此方法制得的碳量子点荧光性能较好，但是粒径不均一，不适合大量生产。

② 电化学法

2007 年 Zhou 等人报道并使用了电化学法制备量子点。另外，2016 年 Lu 等人又以离子液来代替有机溶剂，用电化学氧化剥离石墨，从而制备出了碳量子点。调节离子液与水的比例，就能让碳纳米材料形成不同的形态，实现对碳量子点发射波长从紫外光区到可见光区的调控。该方法制得的碳量子点具有颗粒大小均匀、碳源利用高的特点，不会太过浪费原料，但初期处理过程步骤较多且烦琐，后期纯化时间较长，量子产率较低。

电化学方法安全且容易操作，其具体方法是：首先制备可腐蚀石墨的电解液，可以用乙醇与适量的（0.2～0.4 g）NaOH 混合，或者用 pH＝7.0 的磷酸缓冲溶液，或者用甘氨酸的 NH_4OH 水溶液，甚至直接用超纯水；其次，用有缺口的石墨棒作为对电极，两根石墨棒互相平行，采用 15～60V 直流电源作为稳态电位，或者用铂丝或铂网和银丝分别作为对电极和参比电极通入一定强度的电流。最后，反应数小时后即可制得碳量子点，其发光特性与制备方法和碳量子点的大小有关。这种方法的优点是：可通过调节电极电势或电流密度精确控制纳米颗粒的尺寸，而且易于操作、产量较高、制备成本较低。

③ 激光销蚀法

使用激光束对碳靶进行照射，导致碳靶被销蚀，碳纳米颗粒从碳靶上掉落下来，从而获得碳量子点，这种方法称为激光销蚀法。采用激光销蚀法时，有机溶剂的种类能够影响发射波长，只要改变溶剂种类，就能对碳量子点发射波长进行调控。但这种方法所得到的碳量子点粒径不够均匀，使用的仪器价格比较高昂，工艺比较复杂而且产率低，导致它不适合工业化生产，因此使用较少。

(2) 自下而上法

采用的是尺寸很小的碳材料制备碳量子点，主要来自分子前驱物。只有选择合适的含碳前驱物，碳量子点才能具有更好的荧光性质。自下而上法制备碳量子点，可以实现大规模的生产制备，因为它所需的工业条件，如强酸、高温等较容易实现，碳源的选择也比较自由。

① 模板法

模板法就跟它的名字一样，以特定支撑材料为模板，在上面合成制备碳量子点，之后再使用酸蚀等方法达到除去模板的目的，这就是模板法的原理。这种方法可以有效防止碳量子点在高温处理过程中发生团聚[4]。也是因为这个特点，且虽然该方法制备碳量子点步骤比较复杂，但往往最后制得的碳量子点产率高、颗粒均匀、易溶于水、生物毒性小，在生物技术方面具有良好的应用前景。

② 水热法

水热法是一种成本低且对环境友好的制备方法，该方法可选用多种前驱体材料进行水热反应[2]。制得的碳量子点具有良好的光稳定性，粒径均匀，且合成过程简单，是最常用的制备碳量子点的方法之一。

③ 热解法

热解法是通过对含碳物质加热分解后得到碳量子点的方法，有很多种。早期通过热解法得到的碳量子点大多数都是油溶性且需要很复杂的表面修复过程，量子产率也不是很高。现阶段此法可以直接高温热解有机物，一个步骤就能够制得亲水性的荧光碳点。热解法的步骤变得简单，反应条件也容易实现，且量子产率高。

固相合成法：该方法的具体实施有很多方案，现举一例：将 2g 柠檬酸加入 5mL 烧杯中，然后将烧杯置于加热罩中加热到 200℃，大约 5min 后柠檬酸已经熔融，随后液体的颜色由无色变为浅黄色，30min 后液体便变为橙色，表明碳量子点已经形成。若继续加热 2h，橙色液体将变为黑色固体，形成了氧化石墨烯。将获得的橙色液体再搅拌并一滴一滴地加入 100mL 10 mg/mL 的 NaOH 溶液中，调节 pH 值为 7.0 后可得到碳量子点水溶液。若将黑色的氧化石墨烯溶于 50mL 10mg/mL NaOH 溶液中，用同样浓度的 NaOH 溶液进一步中和，可以得到氧化石墨烯的水溶液。

加热分解法也是较为简单的一种方法，操作如下：称取 2.0 g EDTA-2Na（乙二胺四乙酸二钠）。将药品放入石英舟内，把石英舟放入管式炉内煅烧。将石英舟放入两温区区域的中间，并将管式炉的石英管堵上通水。打开氮气瓶通氮气（利于氮元素的掺杂，同时也对碳量子点的制备有利，能够使其荧光性质更好），流量保持 1.5 L/min。经过 90min 加热管式炉升温至 350～400 ℃，然后保温 2h 直至恢复室温。关闭管式炉的电源后，待样品冷却至室温，将样品从管式炉内取出，取适量样品溶于去离子水中，在超声振荡器里均匀振荡后可进行后续光学性能测试。

热解法制备碳量子点的优势为：若碳源材料结构与碳量子点结构相似，那么碳源材料在反应过程中结构的重排较为容易，反应时间短，操作简便。其缺点是：温度不易控制，碳源材料受热不均匀，温度偏高或者偏低均会导致碳量子点的发光性能变差。

微波加热法：将 1g 柠檬酸溶解于 10mL 水中，将所形成的溶液置于微波炉中微波加热 10min。在微波加热过程中溶液的颜色会由无色变为浅褐色，意味着碳点逐步形成。将该产物分散于微孔水中，然后离心分离以除去大颗粒，再采用透析膜透析上层清液，即获得羧基功能化的碳点。取 500μL 乙二胺，加入 10mL 20μg/mL 羧基功能化的碳点溶液中充分搅拌，然后将混合物在 120℃下回流 15h，待获得的溶液冷却至室温后离心分离和透析即可获得氨基功能化的碳点。两种碳点具有不同的发光特性。

微波具有优越的穿透能力，可以使分散于溶剂中的碳源材料受热均匀，反应时间较短，是一种简便快捷的功能化荧光碳点制备方法。

碳量子点的物理和化学制备方法不胜枚举，此处仅为个别便于操作的方法。

1.4 量子点的物理性质

（1）量子尺寸效应

量子点尺寸的变化会影响发光光谱。根据半导体物理的基本原理，原子聚集会导致能级分裂，形成成键能级和反键能级，且原子间距离越近，分裂越大。量子点内的原子数量越多，造成的导带和禁带的分裂越大，带隙差越小，发光红移。

（2）表面效应

随着量子点粒径的减小，比表面积增大，导致表面原子的配位不足，增加了高活性的不饱和键和悬挂键，不稳定性增加。同时，表面原子的活性还会引起纳米粒子表面原子输运和构型变化，使电子自旋和电子能谱发生相应变化。表面缺陷导致的陷阱又反过来影响了量子点的发光性质，引起非线性光学效应。

（3）量子限域效应

由于量子点的尺度与电子波长、相干波长及激子玻尔半径相近，局限在纳米空间的电子平均自由程变短，其输运受到了限制，电子的局域性和相干性增强，从而引起量子限域效应。当量子点的粒径与 Wannier 激子相当时，易形成 Wannier 激子，产生激子吸收带。随着粒径的减小，激子带的吸收系数增加，出现激子强吸收。

由于量子限域效应，激子的最低能量向高能方向移动即蓝移。日本 NEC 公司已成功地在基底上沉积了纳米岛状量子点阵列。当用激光照射量子点使之激发时，量子点发出蓝光，表明量子点确实具有能够调控电子发光功能的量子限域效应。当量子点的粒径大于 Wannier 激子半径时，处于弱限域区，此时不能形成激子，其光谱由干带间跃迁的一系列谱线组成。

（4）量子隧道效应

传统的功能材料和元件的尺寸远大于电子自由程，所描述的性质主要是群电子输运行为引起的宏观物理量，为统计平均结果。当微电子器件细微化到 100 nm 以下时，必须要考虑电子在纳米尺度空间中的波动性所引起的量子隧道效应。电子在纳米尺度空间中运动的物理线度与电子自由程相当，载流子的输运过程将有明显电子的波动性，会出现量子隧道效应。利用电子的量子效应制造的量子器件，要实现量子效应，要求在几微米到几十微米的微小区域形成纳米导电域。电子被“锁”在纳米导电区域，其在纳米空间中显现出的波动性产生了量子限域效应。纳米导电区域之间形成薄的量子势垒，当电压很低时，电子被限制在纳米尺度范围运动，升高电压可以使电子越过纳米势垒形成费米电子海，使体系变为导电体。电子从一个量子阱穿越量子垫垒进入另一个量子阱就出现了量子隧道效应。这种从绝缘或半导到导电的临界效应是纳米有序阵列体系的特点。

(5) 库仑阻塞效应

当一个量子点所形成的电容足够小时，只要有一个电子进入量子点，就会使系统静电能增加量远大于电子热运动的能量，该静电能将阻止随后的第二个电子进入同一个量子点，从而发生阻塞效应。

(6) 激子复合增强效应

瞬态光谱技术可用于研究掺杂钙钛矿纳米晶体的激发复合动力学[7]。研究者发现 $CsPb(Cl, Br)_3$ 掺杂锰后会增加本征激子辐射复合率，源于 Mn 掺杂使晶格断裂，破坏周期性，电荷载流子局域化增强，电子和空穴波函数的重叠区域增大，增强激子振荡。这种复合有利于提高发光效率。

1.5 量子点的应用

1.5.1 量子点的主要应用领域

量子点材料在显示、催化（如光催化等）、能源（太阳能电池）、医疗（生物荧光标记、生物成像等）等领域具有巨大的应用潜力，已成为国际材料科学研究的前沿焦点。

量子点在显示领域中的应用主要包括两方面：一方面为基于量子点电致发光的发光二极管；另一方面为基于量子点光致发光的背光源技术应用于电子显示器。对于由量子点制备的发光二极管（QLEDs），其原理主要是将量子点层置于空穴与电子传输的有机材料之间，随后对其施以电压促使电子与空穴向量子点层移动发生重组，进而发射出电子。当将红色、绿色量子点与蓝光荧光体封装于二极管内时，便可实现白光发射，其结构与有机发光二极管（OLEDs）类似，但 QLEDs 具备更加稳定、寿命更久等优点。

由于当前能源日益紧张，发展绿色可再生的太阳能成为材料制备的热点，而研发高效率的太阳能电池当属其中一大重点。目前，应用最普遍的是硅太阳能电池，但由于受到载流子浓度的影响，对光利用率始终较低。而量子点太阳能电池号称第三代太阳能电池，是当前太阳能电池领域最尖端的技术之一，它拥有比硅太阳能电池更高的光电转化效率。由于半导体量子点的禁带宽度一般较窄，因而可充分吸收长波长的太阳能，进而大幅度地提高太阳能光利用率。此外，这种大幅度的光电转化效率提升还与其两大效率有关。首先，在量子点太阳能电池中，由于量子限域效应使得单光子激发的高能热电子可以通过碰撞产生多个激子，即多个电子-空穴对；其次，可在其带隙内形成中间带，因而会有多个带隙促进电子空穴对的形成。不仅如此，由于受其他效应的影响：量子点太阳能电池的电子-

空穴对的冷却较慢，电荷载流子之间的俄歇复合过程与库仑耦合较高及对载流子进行的三维限制，光电转化效率极大提高。量子点太阳能电池的优点并未完全实现，还有很长的路要走。而目前研究较为火热的领域当属新型钙钛矿量子点太阳能电池，它打破了传统量子点太阳能电池的局限，光电转换效率不断被刷新。

量子点生物相容性较好，使得其在生物医学领域具有较好的应用，如生物探针、细胞标记等。为避免量子点对细胞产生毒性，对于含镉及含铅的量子点通常需要进行包覆处理，因而后来发展的生物医用量子点以水相法合成的无毒 Zn 基量子点为主。目前，量子点在生物医学中的应用主要包括细胞成像、生物芯片、微生物检测、分子示踪及药物研发等方面。而最为成熟的当属细胞成像及分子示踪两方面。通过将量子点与生物分子相偶联可较好地代替传统荧光材料，利用其尺寸可调节发光波长的特点实现多色标记，且可以应用于肿瘤检测，进行实时追踪。传统荧光试剂与量子点的优缺点如表 1.5.1 所列。随着生命科学的进一步发展，量子点在生物医学领域的应用范围必将更加宽广。

表 1.5.1　传统荧光试剂与量子点优缺点比较

类别	传统荧光试剂	量子点
光稳定性	易漂白，光稳定性差	耐漂白，光稳定性好
颜色多样性	颜色单一	发光颜色可调，可调范围广
激发光谱	较窄，难以实现多组分同时激发	范围宽，连续分布，一元激发，多元发射
发射谱	较宽（大于 100 nm），易重叠，对称性差	发射峰窄（小于 40 nm），对称性好
荧光寿命	2ns 左右	20～50 ns
生物毒性	水解产物对生物体有杀伤作用	对生物体毒性一般
检测便利性	对测量的光学系统要求严格	对仪器要求不高

1.5.2　量子点的柔性显示应用

柔性显示器由于其在移动和可穿戴电子产品（如智能手机、汽车显示器和可穿戴智能设备等）方面的潜在应用前景，而受到了极大的关注。柔性显示器具有薄、轻、不易破碎的特点，且形状可变，能在曲面上使用。而量子点发光二极管（QLEDs）具有色域宽、纯度高、亮度高、电压低和外观薄的独特优势，在柔性显示领域具有领先的竞争优势。另外，智能眼镜将用于支持增强现实，在眼镜上添加显示信息屏。此外，透明的柔性显示器可用于智能窗户或数字标识，在背景视图中显示数字信息。

现有的无机 LEDs 具有亮度高（10^6～10^8 cd/m^2）和启亮电压低（$<$2V）的特点，已经被用于开发柔性 LEDs 阵列中。然而，无机材料的脆性限制了它们的柔性应用，点阵列设计也无法实现高分辨率显示。因此，柔性显示器的主要技术目标是开发具有机械变形能力和优异器件性能的 LEDs。

量子点发光二极管（QLEDs）因其优异的颜色纯度（FWHM 为 30 nm）和高亮度

（高达 2×10^5 cd/m^2）以及易加工等特点，受到了极大的关注。无机量子点（QDs）的热稳定性和空气稳定性可以增强显示器的寿命和耐用性。此外，最近在模式技术方面的进步使得超高分辨率的全色 QLEDs 阵列得以实现，这是用传统的显示处理技术所不能实现的（例如，OLEDs 中的阴影掩蔽）。

（1）QLEDs 的工作原理

QLEDs 的结构有阳极（CTLs）、电子传输层（ETLs）、量子点层、空穴传输层（HTLs）和阴极。如果没有 ETLs，即将 QDs 和 CTLs 物理分离，则会导致电子注入很难控制，漏电流大，使得器件的最大亮度减小和效率降低。为了解决这些问题，提出了将 QDs 层夹在有机 HTLs 和 ETLs 之间，形成三明治结构，器件的峰值外量子效率（EQE）从 0.5%提高到 6%。它们的功能实现了 QLEDs 的工作原理，主要步骤如下：

a. 将空穴从电极中注入电荷传输层（CTLs）；

b. 将载流子从 CTLs 中注入 QDs；

c. 载流子在 QDs 层进行辐射复合。

早期，将 QDs 层夹在 p 型和 n 型 GaN 之间（EQE＜0.01%）。由于在无机层的严酷沉积过程中 QDs 的降解，整体设备性能较差。为此，引入了无机 CTLs 层，它具有很高的导电性和环境稳定性（如耐氧抗湿），可以长期在高电流密度条件下表现出较强的稳定性，对未来的柔性显示应用极为有利。QLEDs 的性能和稳定性在很大程度上取决于对 CTLs 材料的选择。由金属氧化物（如 ZnO、SnO_2、ZnS、NiO 和 WO_3）组成的全无机 CTLs 的 QLEDs，很好地解决了设备稳定性问题。然而，性能并没有显著提高（EQE 0.2%）。

将 ZnO 纳米颗粒引入 ETLs 是一个重要的突破。ZnO 表现出了良好的电子迁移能力，并能够保护底层的 QDs 层不会发生显著的破坏。HTLs 通常是有机的，是为了同时利用无机和有机 CTLs 的优势而开发的。这些器件的另一个重要优点是超薄的整体层（数百纳米），使得它们适合于柔性显示器。

（2）全彩色显示器的 QDs 图形技术

为实现高分辨率的全彩色显示器（包括柔性显示器），人们做出了巨大的努力。最大的难点在于可穿戴式和/或便携式电子设备，与柔性显示器相结合，需要高分辨率和全色形式，在有限的空间内呈现生动的视觉信息。

QLEDs 通过直接旋涂 QDs 溶液到一个有结构的印章上。将旋涂得到的 QDs 薄膜快速从自组装的单层处理过的基板上取出，放到所需的基底上。由于在印章上施加压力，转印后的 QDs 层空缺和裂缝都减少。可以使器件的漏电流降低、电荷输运提高。可制得像素为 320×240 的 4 英寸全彩色柔性显示屏。

除了转印技术，喷墨打印技术也引起了人们的广泛关注。新型的电动力喷墨打印技术，可以制备约 5μm 的精细 QDs 图案。该技术使用电场将 QDs 墨水以窄幅的宽度喷出，由此产生的 QDs 图案显示出均匀的线厚度。使用该印刷方法，红色和绿色的 QDs 像素分辨率可达到商业显示要求。

(3) 柔性白光 QLEDs

对于采用红色（CdSe/CdS/ZnS/CdSZnS）、绿色（CdSe/ZnS/CdSZnS）与蓝色无机 LED 结合形成的 WLED 背光源，可用于液晶显示器组成的 46 英寸电视面板。然而，这种颜色转换的 WLED 量子效率低，因为小带隙的 QDs、内部光散射、光漂白和不平电荷载流子重新吸收了高能光子。另外，传统光源的发射光谱宽，导致发光效率和颜色呈现指数（CRI）低。

为了提高 WLED 的发光效率，场致发光的白色 QLEDs 使用不同颜色的 QDs 混合而成。一种使用单层随机混合 QDs 的白色 EL 器件，通过控制 RGB QDs 的混合比，可以很容易地调节电致发光（EL）频谱，而白色 QLEDs 显示改进的 EQE 和 CRI 分别为 0.36% 和 81%。人类的眼睛可以很容易地感知到波长在 440～ 650nm 之间的光，因此，在这个范围内调优发射光谱可以提高 CRI 值。

(4) 柔性透明 QLEDs

柔性透明显示器可以用于曲面显示，如智能汽车窗口、可穿戴智能手表和公共标牌显示。然而，到目前为止，柔性透明显示器的性能明显低于不透明的显示器，这主要是受透明电极的限制。电极需要高导电性、高透明度，以及适当的能量水平，以便同时进行有效的充电。

柔性的 QLEDs 通常是基于在柔性底物衬底上的氧化铟锡（ITO）电极制造的，其厚度在几百微米范围内。由于厚底物和易碎的 ITO 电极，显示器的最小弯曲半径限制在几十毫米以内。Ag 薄膜（18 nm）作为半透明电极，可实现柔性和叠层的薄膜型 QLEDs。

为了在透明发光二极管中获得柔性，薄金属薄膜（例如，Au、Ag、Ca/Ag 和 Al）被用作半透明的电极。降低金属薄膜的厚度，从 100 nm 到小于 10 nm，保持了最初的光发射波长。然而，金属薄膜会牺牲器件的透明度，尤其是在低电阻电极上。半透明的 QLEDs 透明度小于 60%，而且随着视角的增加，它会变得更低。因此，开发厚度薄、透明度高、电阻率低的下一代透明电极将是很有吸引力的研究工作。

将 AgNWs（18nm）用于透明电极，在保持高透明度的同时，由于其高度的多孔结构，超细 AgNWs 的渗透式装配还提供了低电阻（$<10\ \Omega/sq$）。以具有热稳定性和溶剂稳定性的聚酰亚胺（PI）薄膜为基底，获得了亮度高（约 25000 cd/m^2）和透明度高（70%）的 QLED 器件。

1.6 面临的重点技术挑战

1.6.1 在可调激光器应用领域面临的挑战

在快速发展的胶体量子点领域中，这些微小规格的半导体物质可以产生光谱可调的激光，在光子电路、光通信、晶片实验室传感和医学诊断领域开辟了巨大的机会[5]。

20 年前，洛斯阿拉莫斯的科学家首次证明了胶体量子点可以产生光谱可调的激光。

这一发现开启了一个令人兴奋的研究领域，即利用化学制造的纳米材料进行光放大的基础和应用研究。胶体量子点是由悬浮在溶液中的半导体前马达体组装而成的，其显著特征是它们发射的颜色取决于颗粒大小。这是因为它们的尺寸非常小，与电子波函数的空间范围相当。来自胶体纳米晶体的高效、光谱可调的发射已经在电视和显示器等商业产品中得到应用。

胶体纳米材料在激光技术中的应用也很有吸引力，因为它们可以实现一种全新的颜色可选激光设备，可以通过溶液进行处理。洛斯阿拉莫斯的研究人员发现，胶体量子点是“很难应用”的激光材料。主要问题是由非辐射俄歇复合引起的光学增益失活超快。在这个过程中，受激半导体释放的能量不是作为光子发射，而是作为浪费的热量耗散掉。

2000 年，*Science* 上连续发表了两篇文章，首先确定了俄歇衰变的问题，其次设计了一个解决这一挑战的实用策略。提出的解决方案中两个基本的要素是使用密集、紧密堆积的量子点固体作为增益介质，以及用飞秒脉冲进行非常快速的光学增益激活。然而，胶体量子点激光器仍然停留在实验室的研究范围内，设备在技术上不可行仍是主要障碍。

在过去的几年里，科学家们已经设计了几种有效的方法来解决俄歇衰变的问题，取得了最近的一些突破，以电注入实现光增益，以及作为光泵浦激光器和标准电激励发光二极管运行的双功能器件的开发。总之，基于胶体量子点的实用激光设备在技术上正面临突破。

1.6.2 对量子点原子排列的精确操控

剑桥大学的研究人员发现了能够控制半导体量子点中原子核排列的方法，从而为开发量子存储器找到了解决办法。利用激光技术将原子核“冷却”到低于 1K 的温度，探索电子和成千上万原子核之间的相互作用时发现，可以控制并操纵成千上万个原子核整齐地形成一个单体，量子点中的原子核可以与电子的量子位交换信息，并且可以像存储器件那样用于存储量子信息。在量子点中，存储元件自动存在于每个量子位中。

这一发现重新引起人们对半导体量子点的兴趣，让人们有了研究量子模拟复杂系统动力学的工具。无论对量子记忆，还是对基础研究来说都是如此。目前，对目标量子组合进行连贯性刺激导致了量子多体现象，创造出能够制造存储量子信息存储器的机会。

参考文献

[1] Rossett R, Nakahara S, Brus L. Quantum size effects in the redox potentials, resonance Raman spectra, and electronic aspectra of CdS crystallites in aqueous solution [J]. J Chem Phys, 1983, 79: 1086-1088.

[2] Murray C B, Norris D J, Bawendi M G. Synthesis and Characterization of Nearly Monodisperse CdE (E=Sulfur, Selenium, Tellurium) Semiconductor Nanocrystallites [J]. J Am Chem Soc, 1993, 115: 8706-8715.

[3] Hines M A, Guyot-Sionnest P. Synthesis and Characterization of Strongly Luminescing ZnS-Capped CdSe Nanocrystals [J]. J Phys Chem, 1996, 100 (2): 468-471.

[4] Bruchez M, Moronne M, et al. Semiconductor nanocrystals as fluorescent biological labels [J]. Science, 1998, 281: 2013-2016.

[5] Chan W C, Nie S. Quantum dot bioconjugates for ultrasensitive nonisotopic detection [J]. Science, 1998, 281: 2016-2018.

[6] Peng X G, Manna L, Yang W, et al. Shape control of CdSe nanocrystals [J]. Nature, 2000, 404 (6773): 59-61.

[7] Feldmann S, Gangishetty M K, Bravićl, et al. Charge Carrier Localization in Doped Perovskite Nanocrystals Enhances Radiative Recombination [J]. J Am Chem Soc, 2021, 143 (23): 8647-8653.

第2章

铯铅卤钙钛矿纳米晶的制备、改性与应用

自 2009 年关于有机无机卤化铅钙钛矿用作太阳能电池敏化剂的报道[1] 和 2015 年关于 QLEDs 的报道[2] 开始，金属卤化物钙钛矿（MHP）纳米晶（NCs）/量子点（QDs）以其直接带隙、窄带宽、可调带隙、长电荷扩散长度、高载流子迁移率、低成本和溶液可加工性等优点得到了迅猛发展[3,4]。特别是结构高度可调性、良好的光学性质等优点，可广泛地应用在半导体光电器件、激光、传感、催化、能源、环境、生物等领域，激起了科研工作者和企业的浓厚兴趣。然而，由于本征的离子盐特性，生成能低，其成核及生长十分迅速，如何可靠地、高重复性地、高质量地合成 MHP-NCs 成为重要挑战。在具体的应用方面仍然面临许多未解决的问题，如离子盐本征性质使得其表面配体容易脱离、表面缺陷引起的大面积非辐射复合、缺陷俘获引起的载流子注入势垒、低效蓝色 QLED 等。尽管表面纯化被公认为是有效的解决方法，然而制备过程还需要进一步发展。

2.1 铯铅卤钙钛矿纳米晶的调控原则

卤化物钙钛矿的通式是 ABX_3，A 和 B 分别是单价和二价阳离子，X 是单价卤化物（Cl，Br，I）阴离子。卤化铅钙钛矿的三维晶体结构中，六个卤化物离子形成了八面体配位构型。离子掺杂可调节其晶体结构从而调控电子结构、发光特性、辐射复合动力学和电学特性，从而解决上述问题以提高器件性能。

一般掺杂选择方式是：A 位阳离子通常是单价金属阳离子或有机阳离子；B 位阳离子或掺杂阳离子涵盖各种二价或异价金属阳离子；而 X 位阴离子则主要是单卤化物或混合卤化物以及阴离子基团 SCN。实现元素替代，其尺寸必须满足基本的关系：

$$t=\frac{r_A+r_X}{\sqrt{2}(r_B+r_X)}$$

式中，r_A、r_B、r_X 分别为 A、B、X 位离子的平均半径。与传统半导体相比，以 ABX_3 形式存在的 MHP，掺杂更容易实现及更多样化。一般来说，引入较大尺寸的 A 位掺杂有助于稳定 I 基钙钛矿的 A 相；引入 B 位阳离子可能会给 ABX_3 钙钛矿的光学和光电特性带来新现象。如 Mn 掺杂的 $CsPbCl_3$ NCs 可引起钙钛矿基质的二次激子发光；X 位掺杂，如 SCN 与 I 具有相似的离子半径和电负性，在 MHP-NCs 中显示出带隙变宽和发光峰的蓝移。改变卤素杂化组分的比例可以获得完整的可见光谱，同时减少非辐射复合、提高发光效率和提高器件性能。

例如，A 位常用有机离子替代，如甲基铵离子 $CH_3NH_3^+$（MA^+）、甲脒离子 $CH(NH_2)_2^+$（FA^+）及乙基铵离子 $C_2H_5NH_3^+$（EA^+）；或用无机的 Ag^+、Rb^+、Na^+、K^+ 和 RE^+ 替代。B 位常用无机离子替代，如 Mn^{2+}、Sn^{2+}、Cd^{2+}、Ni^{2+}、Zn^{2+}、Al^{3+}、Sr^{2+}、Bi^{3+}、RE^{3+}。X 位常用卤系及 SCN 替代。主要影响晶体结构的相稳定性、禁带宽度、荧光效率和电子输运性质。较大的 FA 阳离子会使立方相晶格产生各向异性应变，导致晶面间距偏离平衡；而较小的 MA 阳离子可以缓解晶格应变，即 A 位掺杂是提高相结构稳定性的可行策略。稀土离子的掺杂是利用了它们丰富的能级，可以将激子能量以无辐射跃迁的方式传输到发射能级。

MHP-NCs 所具有的高荧光量子产率（PLQY）来源于缺陷容限特性。其解释是，缺陷的能级可能存在于价带或导带中，较少产生能隙中的陷阱。但是，无论陷阱位于何处，都会在电荷传输中产生阻碍作用，这在 LED、太阳能电池和光电探测器中非常重要。因此，要开发高质量的钙钛矿材料必须消除这些缺陷。

尽管 ABX_3 钙钛矿具有非常理想的电子和光学特性，并且易于生产，但它们本质上是高度离子型的，非常容易受到湿气、热量和光照的影响，导致化学和光学不稳定性。因此，人们正从制备方法上对钙钛矿型纳米复合材料的长期稳定性进行重点研究。

2.2 MHP 量子点的制备方法

制备高质量 MHP-NCs 的方法有沉淀法、热注入法、超声波法、乳液基和溶剂热法、基于钾基 NCs 的合成和微波加热辅助法等各种方法。

2.2.1 沉淀法

以溶液为基础合成胶体物质，可采用中长链有机烷基铵离子，如辛基溴化铵和十八烷基溴化铵作为溶剂诱导，再用沉淀法制备出发光的 NCs 封端配体，其作用是提供结晶的自终止，从而在溶液中形成离散的纳米颗粒。其产物相当稳定，至少可保存三个月。高度结晶的 $CH_3NH_3PbBr_3$ NCs 的吸收峰和光致发光（PL）峰分别位于 527 nm 和 530 nm，

PLQY 约为 20%。

提高 PLQY 的优化方法：优化溴化辛基铵∶甲基铵三者的摩尔比为 8.0∶12.0∶5.0，在典型的再沉淀法中，同时保持 1-十八烯∶$PbBr_2$ 的摩尔比为 62.6∶1.0，可以使 PLQY 升高到 83%。由此确认了一个事实，有机包覆溴可实现对表面态的钝化处理，生成了易分散、发强光的 $CH_3NH_3PbBr_3$ NCs。纳米颗粒形状呈现矩形和球形，这表明获得的纳米颗粒形态较为复杂。这一合成方法可制备高效的钙钛矿基化学传感器。同样方法也可以合成 $CH_3NH_3PbBr_3$ 的胶体纳米片。形成原因是厚度减小后，球形 $CH_3NH_3PbBr_3$ 纳米颗粒中量子限制的类激子特性实际上是纳米片的一种特性。通过系统地改变有机阳离子（溴化辛基铵和甲基铵）的比例，钙钛矿纳米晶的厚度可以从大立方晶体逐渐减小到超薄的纳米片，直至只有一个钙钛矿单元的厚度。

改进的制备方法是选择一种相反的试剂混合方式：通过将钙钛矿前驱体添加到二甲基甲酰胺（DMF）或 γ-丁内酯（GBL）溶剂中，以正辛胺和油酸（OA）为配体，形成纳米颗粒。正辛胺的作用是控制 NCs 的尺寸，而油酸则用来抑制聚集效应，保证其胶体稳定性。当 NCs 的尺寸接近各自钙钛矿的玻尔半径时，高达近 400 meV 的激子结合能会导致 NCs 的 PLQY 极大增加。若用氯化物或碘化物代替溴离子，或使用这三种阴离子的混合物，能够获得在整个可见光谱范围内发射的钙钛矿型 NCs 分散体。其 NCs 的平均 PL 寿命比相应的体膜要短得多。如果改变溶剂的温度，可制备发射光谱可调的 $CH_3NH_3PbBr_3$ 纳米晶闸管。所得 NCs 的 PL 发射波长为 475～520 nm，PLQY 为 74%～93%。钙钛矿晶体结构也可以在横向尺寸上逐渐减小，从而产生厚度仅为单个单元胞的准二维和最终二维纳米片。通过改变两种有机阳离子（通常使用二甲基铵和较长的辛基铵）的比例，可以控制纳米片的厚度，从而在具有整数层（1～7）的 $CH_3NH_3PbBr_3$ 纳米片中产生显著的量子尺寸效应。反应介质中，OA 含量的增加同样能够导致纳米片的形成。

出于取代有毒铅的目的，可以用 Sn 等元素替代 Pb 以合成 $CsSnX_3$ 钙钛矿 NCs，其光学性质可通过量子限制和卤化物成分进行调节。

2.2.2 热注入法

热注入方法有二元前驱体注入和三元前驱体注入模式；反应类型分为离子置换反应和亲核取代诱导反应。热注入法制备 $CsPbI_3$、$CsPbBr_3$、$MAPbI_3$ 和 $Cs_2AgBiBr_6$ 钙钛矿纳米晶涉及的反应如下。

（1）油酸注入法

① 金属-油酸（OAm）的形成

$$Cs_2CO_3+2RCOOH \longrightarrow 2Cs(RCOO)+CO_2+H_2O$$

② 钙钛矿产物的形成

$$2Cs(RCOOH)+3PbI_2 \longrightarrow 2CsPbI_2+Pb(RCOO)_2+2HI$$

$$PbX_2+2RCOOH+2R'NH_2 \longrightarrow Pb(OOCR_2)+2R'NH_3X+CO_2\,(X=Br,I)$$

$$Cs(RCOOH)+Pb(RCOO)_2+3R'NH_3X \longrightarrow CsPbX_2+3R'NH_3OOCR+HX(X=Br,I)$$

$$2Cs(RCOOH)+3PbBr_2 \longrightarrow 2CsPbBr_2+Pb(RCOO)_2+2HBr$$

$$2CH_3NH_2+2RCOOH+3PbI_2 \longrightarrow 2CH_3NH_3PbI_3+Pb(RCOO)_2$$

$$3AgBr+3BiBr_3+4Cs(RCOO) \longrightarrow 2Cs_2AgBiBr_6+Ag(RCOO)+Bi(RCOO)_3$$

（2）TMS-X 注入法

① 金属-油酸（OAm）的形成

$$Cs_2CO_3+2RCOOH \longrightarrow 2Cs(RCOO)+CO_2+H_2O$$

$$PbO+2RCOOH \longrightarrow Pb(RCOO)_2+H_2O$$

$$AgOOCCH_3+RCOOH \longrightarrow Ag(RCOO)+CH_3COOH$$

$$Bi(OOCCH_3)_3+3RCOOH \longrightarrow Bi(RCOO)_3+3CH_3COOH$$

② OAm-X（X=Br，I）的形成

$$(CH_3)_3SiX+RCOOH \longrightarrow RCOOSi(CH_3)_3+HX$$

$$(CH_3)_3SiX+R'NH_2 \longrightarrow R'NHSi(CH_3)_3+HX$$

$$HX+R'NH_2 \longrightarrow R'NH_3X$$

③ 钙钛矿及副产物的形成

$$Cs(RCOO)+Pb(RCOO)_2+3R'NH_3I \longrightarrow CsPbI_3+3R'NH_3OOCR$$

$$Cs(RCOO)+Pb(RCOO)_2+3R'NH_3Br \longrightarrow CsPbBr_3+3R'NH_3OOCR$$

$$CH_3NH_2+Pb(RCOO)_2+3R'NH_3I \longrightarrow CH_3NH_3PbI_3+3R'NH_3OOCR$$

$$2Cs(RCOO)+Ag(RCOO)+Bi(RCOO)_3+6R'NH_3Br \longrightarrow Cs_2AgBiBr_6+6R'NH_3OOCR$$

$$2Cs(RCOO)+Ag(RCOO)+Bi(RCOO)_3+6(CH_3)_3SiBr \longrightarrow Cs_2AgBiBr_6+6(CH_3)_3SiOOCR$$

$$R=CH_3(CH_2)_7HC=CH(CH_2)_7, R'=CH_3(CH_2)_7HC=CH(CH_2)_8$$

在油酸注入法中，合成方法是：在 120 ℃时将 PbI_2 在 OA、OAm 和 ODE（十八烯）中溶解，然后将反应温度设定在 120 ～ 180 ℃之间，生成油酸铅和 OAm-I。用 Cs_2CO_3 和油酸分别合成 Cs-油酸反应物，然后加热 ODE 中的 Cs-油酸盐并注入 Pb-油酸盐和 OAm-I 的混合物中，以触发 $CsPbI_3$ 纳米晶体和油酸、油胺的形成，并生成 Pb-油酸盐副产品。在化学计量比基础上，适当过量的 PbI_2 可驱动复分解反应完成。使用 20 mL ODE，典型反应可得到约 130 mg $CsPbI_3$ 纳米晶体，相当于反应物的摩尔转化率为 30%。

在 100～170 ℃的温度下，将三辛基膦（TOP）络合的 PbI_2 注入由 OA、OAm 和 Cs-油酸盐组成的 ODE 溶液中也可以进行反应，需要大约一个星期的时间形成 TOP-PbI_2 复合物。

在 TMS-X 注入法中，$CsPbI_3$ 纳米晶可以通过分离 Pb^{2+} 和 I^- 获得，从 PbO 和 I^- 前驱体，如三甲基碘化硅（TMSI）、苯甲酰碘化硅、OAm-I 或 GeI_2 开始制备。将 Cs_2CO_3 和 PbO 溶于 OA，再加入 OAm 和 ODE 溶液。在 150 ℃下向反应混合液中注入 TMSI 触发 $CsPbI_3$ 的成核和生长。TMSI 与油酸和油胺反应，释放 HI、TMS-油酸盐和 TMS -油胺副产品。HI 进一步与油胺反应生成 OAm-I ，OAm-I 最终与 Cs -油酸盐和 Pb-油酸盐反

应生成 $CsPbI_3$ 纳米晶和副产物油胺。该反应在 5 mL 的 ODE 中生成约 25 mg 的纳米晶体（产率 37%）。

双钙钛矿 $Cs_2AgBiBr_6$ 纳米晶的制备方法是：在 200 ℃下，将 Cs-油酸盐热注入 AgBr 和 $BiBr_3$ 的 OA、OAm 和 ODE 溶液中，或在 140 ℃条件下，将 TMSBr 加入溶解在 OAm、OA 和 ODE 中的 $CsOOCCH_3$（Cs-acetate）、$Bi(OOCCH_3)_3$ 和 $AgOOCCH_3$（Ag-acetate）中。两种方法制备的 $Cs_2AgBiBr_6$ 纳米晶均呈立方状，TMSBr 反应会导致纳米晶体尺寸更大，尺寸分布更广。与 Cs-油酸盐热注入法相比，TMSBr 反应的成核和生长速度明显更快。反应在 200 ℃下热注入 Cs -油酸盐在 3～5min 完成，而 TMSBr 反应在远低于 140 ℃的温度下只进行了 10 s。Cs-油酸酯和 TMSBr 反应的摩尔转化率分别为 16%和 25%。Cs-油酸盐的注入导致离子转化反应，生成 $Cs_2AgBiBr_6$ 纳米晶和副产物银油酸盐和二油酸盐。TMSBr 热注入反应是将 Cs 乙酸酯、Bi 乙酸酯、Ag 乙酸酯转化为油酸酯，再与 TMSBr 直接反应生成三甲基硅基油酸酯，然后与 TMSBr 反应直接生成油酸三甲基硅烷基酯作为副产品，或 TMSBr 先生成 OAm-Br，然后与金属油酸反应，油胺、油酸作为副产品。

2.2.3 问题与挑战

在过去的几年里，钙钛矿材料受到了极大的关注，首先是以薄膜的形式出现，之后又以胶体 NCs 的形式出现。尽管已经取得了令人瞩目的进展，但在钙钛矿型 NCs 的合成方面仍有一些挑战需要解决。由于钙钛矿型纳米复合材料易于快速降解，因此其稳定性是一个重要问题。降解可能是由外部因素造成的，例如水分、氧气、高温和紫外光。就由水分引起的降解而言，这是钙钛矿固有的，它很容易溶于极性溶剂，特别是水。紫外光可能增强钙钛矿中的离子迁移或导致自由基。此外，MHP-NCs 极为敏感，在电子束照射下容易降解或转化为其他物质（如金属铅）。无机金属卤化物钙钛矿似乎在低能电子照射下更稳定，这使高分辨率的透射电子显微镜表征成为可能。然而，在高能电子束的作用下，它们仍然可以降解，同样会导致 NCs 表面形成小点。

除了稳定问题外，还有其他一些涉及钙钛矿的挑战。最重要的是希望从杂化和所有无机钙钛矿中消除有毒铅，无论是以纳米颗粒的形式还是以薄膜的形式。这对于扩大钙钛矿制备以实现广泛的光伏应用尤为必要。因而寻找提高无铅钙钛矿活性的方法值得进一步关注。

在钙钛矿型纳米复合材料的制备过程中，如何更好地控制其尺寸，是理解其结构-性能关系及促进应用的关键问题。钙钛矿的形成非常迅速，这使得对中间粒子的研究变得困难，中间粒子的研究有助于理解其生长机制。虽然已有研究表明钙钛矿粒子具有一定的形状控制能力，但对其成核和生长机制仍缺乏全面的了解。

2.3 量子限制 MHP 量子点的制备方法

MHP 量子点利用卤化物交换或控制混合卤化物的组成调节带隙；QC 表示量子限制效应，QC MHP 量子点是利用纳米粒子的尺寸变化调节带隙变化，从而调节发光颜色的。

在早期的研究和应用中，弱约束和非约束 MHP-NCs 占主导地位，其原因是在具有足够高均匀性的量子约束区域中控制 NCs 尺寸的可靠方法发展缓慢。由于发展出了制备高均匀度、强量子约束和变约束维数的纳米晶合成方法，人们能够探索和利用通过量子约束调节纳米晶的性质。

强约束半导体 NCs 中激子与其他自由度的增强耦合引入了新的光学、电学和光磁性质。本节讨论了具有可调量子限制和形貌的 MHP-NCs 最新进展，以及对其反映量子限制效应的光物理性质的探索。

自首次合成胶体全无机钙钛矿（$CsPbX_3$）NCs 以来，在合成方法和 NCs 形成机理的认识方面取得了重大进展。现有一方法库，用于制备具有不同 A 位和 B 位阳离子、卤化物成分、尺寸、相位和形态的 MHP-NCs。现有的 MHP-NCs 的合成方法大致可分为两类：高温热注入法和室温再沉淀法。

热注入法最早是为制备 CdSe 量子点而发展起来的，并已成为许多半导体材料 NCs 合成的一种有价值的工具。热注入法在简单性和样品质量之间提供了一个很好的折中方案；通常只需要一条 Schlenk 线，并且能够产生具有窄尺寸分布和高 PL 量子产率的样品。此外，在合成中使用表面配位配体，可以通过选择合适的配体分子使 NCs 分散在有机和无机溶剂中，并使 NCs 易于在合成后实现化学功能化。

再沉淀法通常涉及在浓盐前驱体溶液中添加抗溶剂，这会从降低的离子溶解度中诱导 NCs 成核和生长。与热注入法相比，再沉淀法的一个显著优点是相对简单，通常只需要简单的无空气条件。因此，对于钙钛矿的工业规模制备，再沉淀法更易于扩展和实施。但是，样品质量和尺寸控制都不如热注入法。

2.3.1 全无机 QC MHP 量子点的合成

合成 QC MHP 量子点普遍采用热注入法：Pb 盐在有机配体存在下于高温（100～200 ℃）下溶解于有机溶剂中，随后注入油酸铯以引发反应。注入后，NCs 在几秒到十秒内迅速生长，形成通常呈立方体形状的 NCs。其中，NCs 的生长在 130～220 ℃反应温度范围内不到 5s 即可完成。与Ⅱ-Ⅵ族或Ⅲ-Ⅴ族量子点相比，成核和生长动力学要快得多。由于在典型的热注入合成条件下形成 $CsPbX_3$ NCs 的反应动力学很快，因此在弱约束区得到的 NCs 具有较大的尺寸（>10 nm）和较宽的尺寸分布。

降低反应温度可以减缓反应动力学，通过控制生长动力学来控制尺寸是可行的。NCs的尺寸随着反应温度的降低而减小，从而获得了强约束条件下的 QDs。在 $CsPbBr_3$ NCs的吸收光谱和光致发光光谱中，9 nm 以下的量子限制下表现出激子吸收峰和发射峰的蓝移。

改变配体的组成或数量，特别是油酸与油胺的比例，$CsPbBr_3$ NCs 的尺寸可以缩小到约 4 nm。首先，通过提高酸浓度或降低温度来抑制钙钛矿纳米晶在生长阶段的快速成熟速度，从而减小晶粒尺寸。其次，通过向反应物中添加油胺 HBr 混合物，可以减小 $CsPbBr_3$ NCs 的尺寸。通过改变油胺-HBr 混合物的量可以更连续地调节 $CsPbBr_3$ 量子点的尺寸。因为在 NCs 生长过程中，Cs^+ 与质子化配体之间的竞争是控制尺寸的机制。

可行的思路是在合成过程中控制量子点晶格和溶液相之间卤化物离子的热力学平衡，作为控制尺寸的手段，这种基于卤化物平衡的方法适用于所有三种卤化物（Cl、Br和 I）的 $CsPbX_3$ 量子点合成。特别是在热注入条件下（通常为100～200 ℃），卤化物的热力学平衡成为控制尺寸的可行机制。尺寸较小的量子点卤化物相对含量较高，这使得卤化物离子在 NCs 与溶剂介质的界面处达到平衡，这是决定生长过程中 NCs 尺寸的关键因素。

控制 $CsPbX_3$ 量子点尺寸[5]：a. 固定反应温度下，调节卤化物的量；b. 改变制备前驱体的温度。例如：在固定的反应温度下，当 Br 的浓度增加（即较高的 Br/Pb 比）时，通过质量作用定律可以得到更小的量子点；固定 Br 的浓度（即固定的 Br/Pb 比），降低温度可以得到更小的量子点。

实验证实：在不同反应猝灭时间和前驱体注入速率下合成的 $CsPbBr_3$ NCs 具有相同的吸收光谱和发射光谱。因此，量子点的尺寸控制是通过热力学平衡来实现的，与成核和生长动力学无关，这是基于平衡法合成尺寸可控量子点最显著的优点之一。

2.3.2 有机-无机 QC MHP 量子点的合成

类似于全无机 QC MHP-NCs，同样采用热注入法合成有机-无机杂化 QC MHP-NCs。目前已经用不同的 A 位有机阳离子［包括甲基铵离子（MA^+）、乙基铵离子（EA^+）、辛胺离子（OA^+）和甲脒离子（FA^+）合成了一系列杂化卤化铅钙钛矿NCs。典型的热注入合成 $FAPbBr_3$ NCs：将油基溴化铵溶液注入热 FA-Pb 前马达体溶液中，在约 10 s 内形成 NCs。微流控反应器的反应动力学研究显示，快速生长动力学与所有无机 MHP-NCs 相当。

与全无机相比，调节有机-无机 NCs 尺寸的能力受到了更多的限制，包括配体选择、反应物浓度和温度。值得注意的是，反应温度范围较小，形成的 NCs 形貌对表面活性剂和阳离子浓度的选择更为敏感。在杂化 MHP-NCs 的合成中，表面配体和有机阳离子都需要质子化才能形成 NCs，并且 NCs 的大小和形态对任一物种浓度的变化都很敏感。与所有无机 NCs 类似，质子化的增加减小了 NCs 的尺寸，并且在高浓度下诱导各向异性粒子生长，从而形成富含表面活性剂的 $L_2(FAPbI_3)_{n-1}PbX_4$ 层状结构，由此提供了一条通过改变油酸浓度制备层状混合 QC MHP-NCs 的路径。

通过改变温度制备的量子点经常会产生不同形貌的 NCs（如纳米片）。在各向异性结构形成的最小温度范围内，量子点的尺寸分布较差；卤化物平衡原则上适用于杂化 MHP-NCs，在强量子限制下合成尺寸可控的有机-无机杂化钙钛矿量子点难度较大。

2.3.3 QC 纳米线和钙钛矿纳米片的合成

目前，用于制备一维纳米线（NWs）和二维纳米片（NPLs）的热注入法和再沉淀法可用于混合和全无机 MHP 合成，能够在单位原胞精度和 NPLs 和 NWs 的横向尺寸/长度上调节厚度。至今已发展了几种方法，制备胶体溶液形式和薄膜形式的钙钛矿单层和多层 NPLs 和 NWs，有固态结晶法、化学剥落法、非溶剂结晶法和热注入法。

固态结晶法最早是在 20 世纪 90 年代发展起来的，通过蒸发极性溶剂（DMF）使金属盐结晶，形成单层或多层钙钛矿 NPLs。当溶剂蒸发时，溶液中的质子化胺配体形成一个二维的 $PbBr_4^{2-}$ 片，用金属盐的浓度和溶剂的蒸发速率控制层数，以电荷补偿的机理完成。大块钙钛矿在非极性溶剂中的化学剥落会导致各种厚度的 NPLs，可通过离心分离获得。非溶剂结晶法已被大量用于制造 MHP 和有机-无机物的单层厚度纳米片：将金属盐和配体溶解在极性溶剂（DMF）中，然后滴加到非极性溶剂（甲苯）中结晶形成 NCs。实验中，增加胺配体的浓度会导致其与钙钛矿结构 A 位点的结合增加，从而导致在厚度方向上的生长受阻，生长出较薄的纳米片，甚至可以合成单分子层 NPLs。其中，A 位阳离子被配体取代，表示为 L_2PbX_4（L＝配体）。非溶剂结晶法也可用于形成全无机 MHP 的 NPLs 和 NWs。如通过过饱和降水或者配体选择和过饱和沉淀制备 $CsPbR_3$ NWs。基本机理是低温促进了各向异性粒子的生长，并且提供了比用热注入方法制备的 NPLs 或 NWs 尺寸和形状分布更大的样品，因此优于热注入合成。目前，厚度可控制的 NPLs 和 NWs 都有明确的经验配比，合成 NPLs 和 NWs 的热注入方法主要集中在所有无机 MHP 范围内，以确定温度和配体浓度对 NCs 的影响。其中，各向异性竞争表面活性剂和铯之间的反应性被证明是促进钙钛矿各向异性生长的关键。当 NPLs 被质子化胺（R-AMH）覆盖后，其中 R 是一种有机配体（油胺、辛胺、十二烷基胺等），在合成过程中会发生来自油酸的质子化。质子化 R-AM 的浓度和反应活性可以通过酸浓度或温度来控制，是促进各向异性粒子生长的关键参数。用过量油酸增加 R-AMH 浓度，可制备小至单个单位原胞厚度的 $CsPbBr_3$ NPLs。降低温度会使 R-AMH 浓度和 NCs 表面的亲和力都增加。

除了热注入法外，还有室温制备 NPLs 和 NWs 的方法，通过配体选择和过饱和沉淀调控，在低温下促进各向异性粒子生长，与热注射法相比，制备的样品具有更好的尺寸和形状分布。例如，由于不可能通过温度来控制动力学，因此在室温下通过卤化物前驱体

($CuBr_2$、$NiBr_2$、$CoBr_2$ 等）调节卤化物释放速率，可以产生厚度均匀的 NWs 和 NPLs，并精确控制厚度至三个单元。在这个反应方案中，溶剂极性的急剧增加激活了金属离子，从而立即引发了 NCs 的成核和生长。在量子点尺寸控制方面，卤化物浓度在决定限制尺寸中的 NCs 尺寸（即 NWs 和 NPLs 的厚度）方面起着关键作用。另外，金属溴化物盐，如 $CoBr_2$ 和 $CuBr_2$，由于它们在非极性溶剂中具有较高的溶解度，因而被用作卤化物的来源，即使在室温下也允许反应物混合物中有高浓度 Br。总之，随着 Br^- 浓度的增加，NCs 的厚度减小。该反应利用了室温下各向异性动力学对各向异性粒子生长的作用机理。

NCs 厚度的热力学控制机理存在自终止，即达到终端厚度后，即使反应继续，NPLs 和 NWs 的厚度在增加了两个表面膜层后不再增加。这些结果为如何将基于热力学平衡的尺寸控制与室温反应下的动力学各向异性相结合以获得各向异性和量子限制的 MHP-NCs 提供了重要的参考。

2.4 量子限制 MHP-NCs 的光学性质

由于受限空间中电子与空穴的强相互作用，量子限制（QC）MHP-NCs 的静态和动态光物理性质与弱受限的 NCs 有着显著差异。量子限制不仅改变了激子的能量，而且改变了激子的动态弛豫路径。与量子受限 MHP-NCs 尺寸相关的光学特性稳定性相对较低，特别是较小的 NCs。与其他半导体 NCs（如Ⅱ-Ⅵ族量子点）相比，QC MHP-NCs（包括 QDs、NWs 和 NPLs）的 PLQY 在暴露于环境和持续光激发条件下更容易退化。例如，MHP-NCs 与常用的分散胶体半导体量子点卤化溶剂（如二氯甲烷和氯仿）之间的反应，当溶剂和 NCs 具有不同的卤素元素时，MHP 中高度不稳定的卤化物阴离子与界面电子转移诱导卤化溶剂解离，导致在光激发下卤化物交换，改变 MHP-NCs 的卤化物组成。近年来，在理解 MHP-NCs 的光学性质方面取得了进展，这些特性反映了尺寸和形貌依赖的量子限制影响，特别是静态和动态光学性质。

2.4.1 MHP 量子点的尺寸相关激子能级结构和吸收截面

（1）激子能级结构

在一般的半导体材料中，电子在导带和价带之间的跃迁决定了吸收和发光特性。在低温下会发生弱的激子吸收早已被实验和理论证实。然而，在有机材料和钙钛矿量子点中，激子吸收和发射被认为起着决定性的作用。由于激子的量子化能级在导带底分布，且与电子自旋相关，因而带隙的尺寸相关性也会影响激子的能量，成为半导体量子点在各种应用中最广泛的特性。

在 MHP-NCs 的早期研究中，激子吸收和发射的可调性主要是通过对带隙进行化学修饰来获得的：利用卤化物（Cl，Br，I）的易交换性，使能带带隙在整个可见光谱范围内连续调谐。随着合成和后合成方法的出现，可以在量子禁闭区制备出尺寸可控的 MHP 量子点，可以更可靠地表征尺寸相关的激子跃迁能、斯托克斯位移和光谱线宽。对于需要颜色可调光源的应用，化学调谐和带隙尺寸调谐都可以改变 MHP-NCs 的发光颜色，但这两种方法对激子发光所有特性的影响并不相同。例如，激子发光的光谱线宽对量子点的尺寸变化很敏感，而对卤化物组成的变化不太敏感。

MHP-NCs 中，激子的一个特征是能级的精细结构，即能级的自旋相关性。在一般的半导体中，激子的基态能级与价带能级的自旋相反，因而是跃迁禁阻的，典型特例如 Cu_2O。在 MHP-NCs 中也是如此，$n=1$ 的激子基态能级是跃迁禁阻的，由于不能发光故称为暗激子。而 $n=2$ 及以上能级是跃迁允许的，其跃迁形成的激子称为亮激子。由于激子是束缚态的电子-空穴对，因而也被视为偶极子。一种解释是，与其他大多数以暗激子作为最低能量激子态的半导体 NCs 不同，在弱受限体系中，MHP-NCs 的最低能量激子态是亮激子。在 MHP-NCs 中，在 PL 中观察到短暂的亮激子发射（约 500 ps）。可以用 Rashba 效应解释，不对称晶格畸变导致了电子结构的扰动，其颠倒了明暗能级的顺序。另一种解释是，受 Rashba 效应和尺寸相关的电子-空穴交换能的影响，亮激子和暗激子的有序性将导致亮激子和暗激子能级顺序随 NCs 尺寸的变化。

（2）吸收截面

在表征 MHP 量子点的各种光学行为时，一个重要的尺寸相关性是吸收截面，它决定了在给定光激发条件下产生的激子或电荷载流子的密度。由于光激发 MHP 量子点的各种非线性光学性质都依赖于光激发激子的密度，因此精确地确定与尺寸相关的吸收截面至关重要。吸收截面的测定通常采用几种不同的方法。一种是利用比尔定律，通过仔细的关联分析，得出 NCs 胶体溶液的吸收强度与已知粒径 NCs 浓度的相关性。通常，胶体 NCs 的浓度是通过元素分析结合利用电子显微镜获得的 NCs 大小（体积）来确定的。另一种常用的方法是在泊松分布适用于每个量子点吸收光子数的条件下，考察瞬态吸收或光致发光强度随光激发注量的饱和行为。对于量子限制相对较小的 NCs，该假设应该是有效的。对于Ⅱ-Ⅵ族和Ⅲ-Ⅴ族量子点，这两种方法通常得到可比较的吸收截面值，从而确立了尺寸相关吸收截面方法的可靠性。然而，MHP-NCs 吸收截面的实验测量结果显示，这两种方法之间存在很大差异。例如，基于瞬态光致发光饱和的方法几乎比元素分析确定的值小一个数量级。在进一步对比研究中，用三种不同方法测定 $CsPbR_3$ NCs 的吸收截面：元素分析（EA）、瞬态光致发光（PL）和瞬态吸收（TA）。结果表明，元素分析法测得的值与瞬态吸收法测得的值符合得很好，比用瞬态光致发光强度的饱和值更可靠。然而，MHP 量子点在精确测定吸收截面方面还存在额外的挑战。例如，$CsPbX_3$ 量子点的 Cs∶Pb∶X 化学计量比与体积比 1∶1∶3 发生显著偏离（取决于量子点的尺寸和反应条件），这使得通过元素分析确定吸收截面变得复杂。

由于具有不稳定的阴离子和晶相对周围环境的敏感性，MHP 量子点更容易因配体和溶剂环境的变化而改变其化学计量组成或结构。Cs/Pb 比值在 0.62～1.5 范围内，随 QDs 尺寸、合成方法和样品老化而变化。在 Br 端的 QDs 中，随着尺寸减小，Br/Pb 比值增大。关于 $CsPbCl_3$ 量子点，合成后的自阴离子交换导致吸收强度显著增加，同时 PL 量子产率也随之增加，而粒子尺寸却没有明显变化，这可能是通过去除量子点中现有的 Cl 空位而实现的。因此，仔细计算量子点中组成元素的化学计量比对于准确测定量子点的吸收截面非常重要。在确定胶体 MHP-NCs 吸收截面的可靠方法基础上，发现吸收截面值与 NCs 的体积呈线性关系。有趣的是，$CsPbR_3$ 量子点在 400 nm 处的吸收截面值与同等尺寸 CdSe 量子点的吸收截面值非常相近，这与之前认为的 MHP-NCs 具有较大的吸收截面和更有效的光吸收剂的功能相反。

2.4.2 MHP 量子点中尺寸相关的激子动力学

当量子点受到高于带隙能量的光激发时，导带和价带中的电子和空穴将快速热传递到带边并进行复合。量子点中热载流子的冷却速率和带边激子的弛豫速率受尺寸相关的能级结构和电子-空穴相互作用的影响。

热载流子寿命的信息不仅是一个基本的问题，而且对于设计更高效的热载流子捕获设备也是至关重要的。人们已经对 CdSe 和 PbSe 等量子点的热载流子冷却机制研究了十多年，但新的冷却途径仍在研究中。杂化和全无机 MHP 量子点的热载流子弛豫主要是通过瞬态吸收测量得到的，并提出了一些冷却机制，包括激子声子能量转移、俄歇冷却和激子到配体的直接能量转移。

最新的模型提出了热载流子通过与表面配体的振动模式耦合来冷却。该机制认为热电子和热空穴通过两种过程进行弛豫，一种是俄歇介导的热电子弛豫，另一种是非绝热配体介导的热空穴弛豫。$CsPbBr_3$ 和 $FAPbBr_3$ 量子点的超快瞬态吸收实验表明，对于尺寸为 2.5～10 nm 的量子点，载流子冷却时间相对不受粒径（$CsPbBr_3$ 为 300～400 fs，$FAPbBr_3$ 为 120～150 fs）的影响。相比之下，能量损失率 dE/dt 表现出对量子点尺寸的强烈依赖性，这与涉及表面配体振动状态的非绝热配体介导的载流子弛豫相一致。因为 dE/dt 的尺寸依赖性来自激子和配体之间不同波函数的重叠，随粒径的减小而增大。此外，冷却速率显示出相对不受配体选择或低于 80 K 的温度影响，表明没有声子发射或通过载体-配体-俄歇复合的配体辅助冷却。最近在单晶 $MAPbBr_3$ 和 $CsPbBr_3$ 的研究中研究了脉冲激发光形成极化子对反映极化子形成动力学的动态光学性质的影响。例如，在时间分辨光学克尔效应的研究中，分别观察到 $MAPbBr_3$ 和 $CsPbBr_3$ 在 300fs 和 700fs 下形成大极化子，涉及 $PbBr_3^-$ 八面体的变形。由于激发态极化子会对晶格产生很大的扰动，使电子结构发生显著畸变，并为禁止的跃迁提供振荡强度。

2.5 增强全无机钙钛矿量子点稳定性和耐用性的策略

全无机钙钛矿量子点具有优异的光学性能，但其耐湿度低、热稳定性差限制了实际应用。通过了解其不稳定性的起源和影响其稳定性的因素，理解实现钙钛矿量子点稳定性的各种策略。

2.5.1 概述

有机-无机杂化钙钛矿（OIHP）结构材料首次应用于太阳能电池后，在商业应用中面临着严峻的挑战，这是由于有机基团在环境中对水、热、氧和光照的不稳定性。首先，它是通过热注入法合成的，通常由金属盐溶液（如 PbX_2 和 CsX）制备，具有宽色域和 50%～85% 的光致发光量子产率。在特征结构中，Pb^{2+} 占据了八面体配位结构（$[PbX_6]^{4-}$ 八面体）的中心，六个卤化物阴离子位于顶点处。作为一个稳定的“A”原子，Cs^+ 阳离子位于立方晶体的中心。由于 $[PbX_6]^{4-}$ 八面体单元在不同合成温度下的高柔韧性，$CsPbX_3$ 钙钛矿可以表现出不同的晶体结构。与 OIHP 材料相比，$CsPbX_3$ 材料具有优越的环境稳定性，这使得它们更适合于光学应用领域。对于传统的无机量子点，如 CdSe、CdS 和 InP，由于在不同的合成温度下尺寸的变化，它们的光学性能会随之变化。

在过去的几年里，$CsPbX_3$ QDs 被公认为是一种很有应用前景的材料，并取得了巨大的进步。然而，在净化过程中 $CsPbX_3$ 量子点表现出较差的稳定性和易于从粗溶液中沉淀。到目前为止，对 $CsPbX_3$ QDs 的化学反应和表面化学研究表明，普通油酸盐和胺表面活性剂配体之间易发生质子交换可能是导致量子点不稳定性的主要原因之一。这种现象会导致表面配体的丢失，从而导致 $CsPbX_3$ QDs 的不稳定性。

由此，本节将讨论提高无机 $CsPbX_3$ QDs 的稳定性和耐久性的策略，包括后合成配体处理、涂层和复合过程，并展望了该领域未来的发展方向。

2.5.2 $CsPbX_3$ 量子点的结构、合成及形态控制

（1）晶体结构

$CsPbX_3$ QDs 的高温相立方结晶是用热注入法在 140～200℃下合成的。在较低的温度下，存在较低的对称相（包括正交相、四方相、单斜相和菱面体相）。值得注意的是，容限因子 t 已被广泛用于预测钙钛矿结构的稳定性。经验上，大多数三维钙钛矿结构的 t 值倾向于在 0.8～1.0 范围内形成稳定的三维结构。

在容限因子范围边界处的一些钙钛矿，如 $CsPbI_3$（$t \approx 0.8$）和 $FAPbI_3$（$t \approx 1$），很容易发生结构相变，在室温下变成更稳定的六边形/正交晶系。钙钛矿结构的第二个约束条件被称为八面体公差因子（μ），其定义为 $\mu = r_B/r_X$，通常在 $0.442 \leqslant \mu \leqslant 0.895$ 的范围

内。μ 是八面体稳定性的量度，取决于 B 和 X 离子的半径。八面体容限因子和公差因子广泛用于预测钙钛矿的成形性。

(2) 合成方法的改进策略

使用热注入法制备 $CsPbX_3$ QDs 的过程中，量子点的尺寸是由反应温度而不是生长时间来调控的。然而，热注入法通常需要较高的反应温度和惰性气体，严重限制了实际应用。目前，这种热注入法已被改进，以合成各种形状、成分和尺寸的 $CsPbX_3$ QDs。配体辅助室温再沉淀法使获得高质量的 $CsPbX_3$ QDs 成为可能。室温再沉淀法，先将 CsX 和 PbX_2（X=Cl，Br，I）预溶于极性溶剂［二甲基甲酰胺（DMF）或二甲基亚砜（DMSO)］中，再以油酸（OA）和油胺（OLA）为前体，快速注入甲苯（非极性溶剂），就可合成 $CsPbX_3$ NCs。另外，还有微波辅助法和超声辅助法溶剂热法。在空气中合成稳定、有效和高质量的 $CsPbX_3$ QDs 的方法仍在不断研发中。

(3) 不同成分比例的相转换

研究发现，不同成分比例的卤化铯铅钙钛矿，如 $CsPbX_5$ 和 Cs_4PbX_6 拥有完全不同的结构。与 $CsPbX_3$ 相比，Cs_4PbX_6 表现出完全解耦的特征，Cs^+ 阳离子填充在四个相邻的［PbX_6］$^{4-}$ 八面体形成的孔中。而 $CsPb_2X_5$ 从 $PbBr_6$ 八面体到 $PbBr_8$ 帽状三角棱柱体形成亚稳四方结构，表现出由 Pb_2X_5 层和插层 Cs^+ 离子组成的三明治结构。在材料尺寸上，$CsPbX_3$、$CsPbX_5$ 和 Cs_4PbX_6 分别为 3D、2D 和 0D 结构。此外，还发现了它们之间的结构可以任意转换，用过量 PbX_2 处理合成的 0D Cs_4PbX_6 NCs 是一种铅含量较低的钙钛矿材料。利用配体在合成中的作用，通过过量胺处理后可单步将 $CsPbR_3$ 转化为 Cs_4PbX_6 QDs。由于 Cs_4PbX_6 QDs 为富含 CsX 结构的材料，且由于 CsX 在水中的高溶解度，用 CsX 汽提法处理 Cs_4PbX_6 QDs 可以将其转化为高发光的 $CsPbR_3$QDs。此外，经双十二烷基二甲基溴化铵（DDAB）配体处理后，3D $CsPbR_3$ NCs 钙钛矿结构可从 3D 结构转变为 2D $CsPb_2Br_5$ 纳米片。因此，Cs-Pb-Br 体系的结构和形态维度，取决于所添加配体的浓度、齿合度和空间体积。

(4) $CsPbX_3$QDs 的降解机理

尽管 $CsPbX_3$ QDs 表现出了优异的光学性能，但退化仍然是其应用的最大障碍。为了解决这一问题，人们提出了各种合成策略和钝化机制。$CsPbX_3$ QDs 的降解既有环境因素，包括温度、紫外光、水分、氧气等，也有离子迁移的内在因素。

LHP 量子点有四个不稳定性的显著特征。首先，所有的 MHP 部分均高度溶于极性溶剂；其次，LHP 量子点的内部和量子点配体结合在溶液中是高度离子化的；再次，$CsPbX_3$ 的长期稳定性在有环境条件（例如湿度、氧气和光的一种或多种组合）的情况下仍然可能受到限制；最后，LHP 的低熔点使得 LHP 量子点阵列在高温下密集排列，这对于在高温下工作的器件是不利的。

极性溶剂，如二甲基亚砜、二甲基甲酰胺、甲醇、乙醇等对合成的 $CsPbBr_3$ NCs 有强烈的影响，会导致其光致发光降低和猝灭。

2.5.3 表面配体修饰

针对上述 $CsPbX_3$ QDs 的降解机理，人们提出了相应的稳定钙钛矿薄膜或钙钛矿晶粒的配体修饰策略。

（1）表面工程

采用 OA 和 OAm 封盖配体来保护、控制和稳定 NCs 的形态，这些配体可以在化学反应过程中影响热力学过程并改变钙钛矿形状的表面能。然而，配体 OA 和 OAm 之间的质子交换很容易使它们从制备的 $CsPbX_3$ QDs 表面解吸，导致聚集、陷阱位置增加、结构损伤和光电性能变差。由于表面电荷转移的绝缘体块上有长链隙，OA 和 OAm 可能会阻碍电荷复合引起的量子点发光。因此，改用其他配体取代长链 OA/OAm 可以避免破坏 $CsPbX_3$ QDs 的稳定性和发光性能。

随着纳米晶体尺寸的减小，量子限制程度的提高，降低缺陷密度变得更为重要。在钝化表面陷阱，减少缺陷，调整光物理性能和改善器件性能，选择合适的配体来制备具有高稳定性、优良光物理性能和光电效率的 $CsPbX_3$ 纳米复合材料方面仍然具有重要意义。

（2）常见配体的种类

共价键分类（CBC）是通过识别键配体的数量和类型对分子进行分类。CBC 提供了一个通用的、明确的、一致的概念，因此被纳米晶材料领域用来划分量子点表面与配体之间的相互作用。

表面配体的类型可以方便地用格林提出的 CBC 来描述：当中性配体促成 $CsPbX_3$ NCs 表面和配体之间的键合时，根据电子数（分别为 2、1 或 0），配体被标记为 L 型、X 型或 Z 型。L 型配体被认为是典型的与表面金属原子配位的路易斯碱，而 Z 型配体是通常分别与表面非金属原子配位的路易斯酸。此外，根据亲和力的不同，X 型配体可以与非金属原子或金属原子相互作用。因此，根据量子点化学计量比和配体类型的结合，钙钛矿型 NCs 可以构建出不同的结合基序。传统量子点的配体化学依赖于单个锚定基团与量子点表面结合的长烷基链配体，或是附着在表面金属原子上的羧酸或膦酸盐（X 型）配体。同样，表面的油基溴化铵和/或油酸铵羧酸盐都可以作为离子对，即铵离子取代表面 A 位阳离子，而羧酸盐（溴化物）作为表面阴离子。

基于氨基和羧基在钙钛矿量子点表面的作用，量子点的形貌与合成反应中配体链长有关。羧酸盐可能与量子点表面的铅原子螯合，而烷基铵则通过氢键作用与表面的溴原子相互作用。与铵离子相比，羧酸类配体具有更强的表面吸附性。另外，研究发现，交联表面配体的使用可以增强钙钛矿量子点催化剂的相互作用进而减少损失。以一种三甲基铝（TMA）作为交联剂，可形成 $CsPbX_3$ QDs 薄膜。

与经典的 OA 和 OAm 相比，两性离子配体能够同时与 $CsPbX_3$ QDs 表面的阳离子和阴离子配位，从而使其表面牢固粘附，从而提高稳定性和耐久性。在预合成的钙钛矿量子点上进行配体交换是钝化量子点表面的另一种有效方法。与二烷基二甲基溴化铵和二齿二甲酸2,2-亚氨基二苯甲酸进行配体交换后，$CsPbX_3$ QDs的PLQY和稳定性都会显著提高。此外，用导电无机配体取代长链和绝缘有机配体可提高电荷载流子迁移率，这在基于量子点的光电、发光二极管和场效应晶体管器件中得到了很好的应用。

在用两个短支链的2-己基癸酸（DA）取代长链OA的热注射法中，这两条短支链不仅保持了胶体的稳定性，而且有助于有效的辐射复合。由于DA配体与量子点之间具有很强的结合能，经DA配体修饰的量子点在空气中可长期存放。等效配体的策略：苯磺酸的强离子磺酸盐可以与暴露的铅离子牢固结合，从而形成稳定的结合状态。这种等效配体可以有效地消除激子俘获概率，提供表面缺陷钝化。在合成过程中，无需任何胺类配体，即可容易获得高PLQY（90%以上），并且PLQY即使经过8个净化周期、5个月以上的储存和光照，也能保持良好的状态。用辛基膦酸（OPA）取代OA/OAm配体合成$CsPbX_3$ QDs的研究中发现，OPA配体能够修饰量子点的表面并提高稳定性。由于Pb^{2+}与OPA配体之间的强相互作用，OPA配体修饰的$CsPbX_3$ QDs具有很高的PLQY（90%以上）。将其制备成绿色LED器件，显示了6.5%的外量子效率。此外，在卤化铅前体中添加三辛基氧化膦（TOPO）可以获得单分散的$CsPbX_3$ QDs，并具有较强的胶体稳定性。

（3）交换配体

改变配体链长，能够产生表面陷阱的钝化效果。例如，用长链取代短链配体OA/OAm。通过配体交换，能产生$CsPbBr_3$ QDs的表面缺陷钝化效果，并改善LED的发光性能。在后合成过程中，配体交换使表面陷阱的钝化是获得高质量$CsPbBr_3$ QDs的另一种有效途径。例如，将长链OA配体替换为相对较短的双十二烷基二甲基溴化铵（DDAB）配体进入$CsPbBr_3$ QDs溶液中，PLQY可从49%提高到71%，证实了因DDAB配体封端的有效钝化作用，使得$CsPbBr_3$ QDs的发光效率和发光强度都比OA/OAm高。改用双十二烷基二甲基溴化铵（DDAB）和硫氰酸钠（NaSCN）处理$CsPbBr_3$ QDs，PLQY从73%增加到约100%，说明$CsPbBr_3$ QDs具有高效钝化效应。基于改进的$CsPbBr_3$ QDs的LED亮度达到1200 cd/m^2。人们将卤化亚砜（$SOCl_2$，$SOBr_2$）作为$CsPbCl_3$的钝化剂，在处理过的QDs基础上实现了高性能的蓝光LED。

使用短共轭分子配体苯乙胺（PEA）作为配体合成$CsPbBr_3$QDs，然后用苯乙基溴化铵（PEABr）或苯乙基碘化铵（PEAI）处理$CsPbBr_3$QDs薄膜，加入苯乙胺（PEA）作为配体导致$CsPbBr_3$QDs和$CsPbI_3$QDs的陷阱态减少，可以分别达到93%和95%的高PLQY。

（4）合成后配体处理

为生产高质量的$CsPbBr_3$QDs，各种合成后配体处理方法被相继开发出来，如硫氰酸盐、$PbBr_2$或三辛基膦、PbI_2。其中合成后配体处理QDs的PLQY接近100。一个关键因素是$CsPbX_3$表面上Pb离子配位不足而导致缺陷的钝化效果得到改善。

方法①：三辛基膦（TOP）可以有效地将老化的红色钙钛矿量子点的发光强度恢复到初始值，并提高新合成的 $CsPbBr_3$ QDs 的发光强度。此外，TOP 可以增强钙钛矿量子点在各种环境条件下的稳定性，例如温度、紫外光照射和极性溶剂。这可能是由于表面缺陷在 TOP 的存在下被钝化。

方法②：1-十四烷基膦酸作为烷基磷酸酯的前驱体和合成 $CsPbBr_3$ QDs 所必需的配体，在一定的环境条件下可合成稳定的烷基磷酸酯（TDPA）包覆的 $CsPbBr_3$ QDs。所制备出的 $CsPbBr_3$/TDPA QDs 具有优异的稳定性，WLEDs 显示出宽色域（NTSC 的 122%）和 63lm/W 的高发光效率。

方法③：离子交换核壳复合制备高发光特性 $CsPbR_3$@NH_4Br，采用 $CsPbI_3$-PQDs 在富溴化物环境中可以充分钝化 $CsPbR_3$ PQDs 表面。具有核壳结构的 $CsPbR_3$ PQDs 可以避免光致猝灭，提高稳定性，并保持良好的光学性能。当水接触到 $CsPbR_3$@NH_4Br 复合材料时，NH_4Br 骨架首先溶解在水中，然后释放出大量的铵离子和溴离子，从而保护了 $CsPbBr_3$ QDs。

方法④：由于 $CsPbI_3$ QDs 的结构畸变是由配体-表面相互作用引起的，在合成过程中用双-（2,2,4-三甲基戊基）膦酸（TMPPA）取代常规 OA 配体，可以得到稳定的 $CsPbI_3$ QDs。TMPPA 改性的 $CsPbI_3$-PQDs（$CsPbI_3$-TMPPA）的 PL 性能与普通 $CsPbI_3$-OA 类似，与在 3 天内分解的 $CsPbI_3$-OA 相比，$CsPbI_3$-TMPPA 在贮藏 20 天内几乎保持了初始值。而且在空气中的稳定性从几天延长到几个月，也显著地增加了光致发光寿命，从约 0.9ns 增加到约 1.6ns。

方法⑤：$PbBr_2$ 盐的后处理。用 $PbBr_2$/OA/OLAM 混合处理，PL 强度显著提高，发射峰值和半高宽几乎保持不变，说明对 $CsPbBr_3$ QDs 的本征光学性质没有影响。时间分辨 PL（TRPL）测量表明，用 $PbBr_2$ 处理后的衰变寿命延长，在具有亮度的溶剂中表现出良好的澄清效果。

（5）二氧化硅涂层策略

钙钛矿量子点的动态特性和低晶格能导致其几乎能溶于所有极性溶剂，并能在这种溶剂条件下发生崩解。用惰性壳层材料完全封装钙钛矿量子点是实用的策略。到目前为止，SiO_2 包覆法已被广泛应用于传统的量子点，如掺杂镧系元素的量子点和磁性纳米复合材料。因 SiO_2 在整个可见光谱中具有化学稳定性和光学透明性，用其包覆钙钛矿量子点不会改变发光材料的光学性质，并且可以保护材料不受极性溶剂溶解的影响。

制备 $CsPbX_3$ 量子点的 SiO_2 涂层有多种方法。利用介孔二氧化硅模板的通道，可以很好地控制钙钛矿的尺寸。典型的工艺是使用二氧化硅球获得 $CsPbR_3$ 量子点，如以预先合成的胺化硅球为衬底，在二氧化硅球上生长量子点。硅球表面量子点的隔离阻止了量子点之间的接触，限制了量子点光诱导再生和劣化的可能性，在光照、潮湿和空气中表现出优异的稳定性。此外，也可以通过引入多面体低聚倍半硅氧烷（POSS）包覆 MHP-NCs 制备稳定的固态钙钛矿。POSS-$CsPbBr_3$ 纳米复合材料具有很高的耐水性和耐光性。同时，POSS 涂层可以有效地阻止两种不同卤化物组成的钙钛矿量子点的阴离子交换。使用溶胶-凝胶工艺可以制备单分散的 $CsPbX_3/SiO_2$ 和 $CsPbX_3/Ta_2O_5$-Janus 纳米粒子。其中，$CsPbX_3/SiO_2$ 复合材料在不同的环境中表现出很强的稳定性，例如水、高湿空气(40℃和75%的湿度）以及375nm紫外光。一种简便易行的方法是在不使用水的情况下，通过高温注入二氧化硅前驱体正硅酸乙酯（TEOS)，在 PQDs 上快速形成非晶态 SiO_2 层，在 $CsPbX_3$ QDs 上原位生长二氧化硅壳层，所制备的 $CsPbX_3/SiO_2$ 复合材料的稳定性得到了显著提高，其他性能也有所改善，如发光强度提高，光学性能不闪烁，以及光稳定性等。在合成过程中使用过氢聚硅氮烷（PHPS）作为二氧化硅前躯体，在潮湿条件下，可在 $CsPbR_3$ PQD 上形成二氧化硅层。近年来，单分散 $CsPbR_3$@SiO_2 核壳量子点是通过改变合成条件合成的，例如温度、pH 值和前驱体。与普遍存在的聚集现象相比，稳定 $CsPbR_3$@SiO_2 量子点在溶剂中具有良好的分散性，在高质量薄膜、细胞成像、发光二极管等光电应用中具有潜在的应用前景。

为保证环境稳定性，可用防水高分子材料嵌入包覆。如使用制备好的 PeNCs/SiO_2 二氧化硅壳层量子点，用甲苯溶解聚甲基丙烯酸甲酯（PMMA）粉末并混入 PeNCs/SiO_2，得到了嵌入型的 PeNCs/SiO_2/PMMA，用其干燥后的膜包裹 LED 芯片，再用硅胶填充 LED 芯片，室温固化后再包裹复合膜即完成包装。复合膜上的 LED 功率密度可以达到 366.5mW/cm^2。

锚定纳米晶体结构的方法被用来制备量子点，如利用简单的液相过程在 $CsPbX_3$ 量子点表面制备 $CsPbX_3$/ZnS 异质结构。ZnS 量子点锚定显示出化学稳定性，$CsPbX_3$ QDs 在空气中可保存12天。如果将 Au 量子点锚定在 $CsPbX_3$ QDs 上，过量的 Au 会导致 PL 猝灭，原因是 Au 会在半导体中产生间接复合的能级。引入防水导电的硅胶壳制备核-壳钙钛矿杂化物的方法，可提高 $CsPbX_3$ QDs 电化学发光的水稳定性。$CsPbX_3$ QDs 的稳定性与不同卤化物组分高度相关，如 CsPb（Br_xI_{1-x}）$_3$ QDs 通常比 $CsPbX_3$ QDs 更容易发生降解和光致猝灭。因此，可通过丙酮蚀刻方法来提高 CsPb（Br_xI_{1-x}）$_3$ QDs 的稳定性。用部分碘腐蚀法在 CsPb（Br_xI_{1-x}）$_3$ QDs 表面形成富溴钝化层，该量子点的稳定性提高了3个数量级。

最后，一个有希望的替代途径是使用磷酸盐或硼硅酸盐玻璃，所制备的 $CsPbX_3$ QDs 最终被坚固的玻璃基质包围，其尺寸可以通过熔体淬火和随后的热条件进行调节，并且可以很容易地集成到显示器背光的应用中，或者作为照明的有效材料。

（6）组成工程

组成工程是指用替位掺杂的方法改性量子点。A 位用单价金属阳离子或有机阳离子替位；B 位用各种二价或异价金属阳离子替位，X 位阴离子主要是单卤化物或混合卤化物以及阴离子基 SCN^-。

在 $CsPbX_3$ QDs 家族中，$CsPbI_3$ QDs 具有最适合 M^{2+} 掺杂的带隙。用热注入方法，首先将前驱体（Mn^{2+} 和 Pb^{2+}）在高温下完全溶解，然后迅速向混合物中注入一定量的油酸铯，以获得掺锰量子点。由于 Mn 的 d-d 电子跃迁，掺杂后的 $CsPbCl_3$ 量子点在紫外光下呈现出明亮的黄色光。到目前为止，$CsPbX_3$ QDs 中已经引入了许多金属离子。大多数研究都集中在基于掺杂策略的相结构或光学性质的影响上。

综上所述，$CsPbX_3$ QDs 在实际光学应用中表现出优异的性能，如光电探测器、太阳能电池、发光二极管和激光器。通过回顾不稳定性的起源，总结影响其稳定性的内在因素，目前已开发出了上述策略来克服这一问题，主要有配体修饰、配体交换、组分工程、涂层处理等，从而有效地提高了 $CsPbX_3$ QDs 的稳定性。然而，结构稳定性和光学稳定性仍然是 $CsPbX_3$ QDs 的首要问题，在 $CsPbX_3$ QDs 的未来应用方面，仍然面临巨大的挑战。

2.5.4 二维掺杂和二维-三维结构改性策略

用疏水有机阳离子改性二维（2D）钙钛矿和形成二维-三维结构被证明能改善三维（3D）钙钛矿太阳能电池（PSCs）的效率和稳定性[6]：将少量的 2D 疏水有机阳离子引入钙钛矿太阳能电池（PSCs）中，通过构建 2D 修饰的 PSCs，取得了高效和稳定的效果。2D 修饰的 PSCs 不同于 2D PSCs 和准 2D PSCs，其组成和晶体结构与 3D 钙钛矿没有太大的偏离，2D 组分只是作为掺杂剂或表面钝化层。

（1）降维钙钛矿结构的形成

3D 钙钛矿 ABX_3 中，A 是一价阳离子［甲基铵离子（MA^+）、甲脒离子（FA^+）或铯离子（Cs^+）等］，B 是二价阳离子（Pb^{2+} 和 Sn^{2+}），X 是卤化物阴离子（I^-、Br^- 和 Cl^-）。容忍因子 t 在 0.8～1.0 之间，只留下一些合适的阳离子（MA^+、FA^+ 或 Cs^+）来适应 3D 钙钛矿结构。更大尺寸的有机阳离子（EA^+、BA^+、PEA^+ 等）不能进入金属卤化物八面体之间的空隙，否则会破坏三维支架。相反，大的有机阳离子插入无机金属卤化物薄片之间，会形成 Ruddlesden-Popper（RP）二维钙钛矿结构，其一般公式为 $M_2A_{n-1}B_nX_{3n+1}$。

对于 $M_2A_{n-1}B_nX_{3n+1}$ 2D 钙钛矿，n 表示体积较大的有机阳离子间隔层之间的金属卤化物［BX_6］层数。$n=1$ 为纯 2D 钙钛矿，$n=\infty$ 为纯 3D 钙钛矿，$n=2\sim5$ 为准二维钙钛矿。2D 掺杂钙钛矿（$n=40$）与 3D 钙钛矿具有相似的晶体结构，但不同于 2D 钙钛矿。因此，根据 2D 修饰剂在钙钛矿薄膜中的作用和分布，将 2D 修饰分为 2D 掺杂和 2D-3D 双分子层两类。

2D 掺杂钙钛矿是通过在 3D 钙钛矿膜中加入少量的 2D 阳离子形成的，通常是通过加入前驱体添加剂。2D-3D 双分子层钙钛矿是 3D 钙钛矿与 2D 铵或胺反应，在 3D 钙钛矿膜上形成 2D 钙钛矿钝化层，进而形成 2D-3D 双层结构。近年来，2D 改进策略推动了 PSCs 的功率转换效率（PCE）稳步改进。

（2）二维掺杂钙钛矿 PSCs

通过在 3D 钙钛矿前驱体溶液中加入少量的 2D 阳离子，形成 2D 掺杂钙钛矿薄膜，n 值通常大于 20［＜5%（摩尔分数）］。与 2D 和准 2D 钙钛矿不同，2D 掺杂的钙钛矿保持了 3D 钙钛矿的晶体结构，但晶格参数变化不大。在钙钛矿中掺杂 2D 阳离子可以调节结晶动力学，从而改变薄膜的形貌和结晶度，从而调节局部晶格应变，钝化晶界，提高相稳定性并减少复合。

① 优化结晶动力学

控制膜的形态是实现高性能 PSCs 和良好重现性的关键。2D 钙钛矿薄膜比 3D 钙钛矿薄膜光滑致密，因为 2D 钙钛矿薄膜更倾向于横向晶体生长。3D 钙钛矿具有典型的各向同性，晶体生长方向随机，而纯 2D 钙钛矿（$n=1$）更倾向于沿（100）面取向结晶。采用适当的 2D 铵沉积 3D 钙钛矿膜，可以调节快速而不均匀的结晶过程，改善膜的形貌。将 2D 阳离子 PEA^+ 掺杂到 $FAPbI_3$ 中，可得到光滑均匀的 $FA_xPEA_{1-x}PbI_3$ 薄膜。用烷基铵离子 BA^+ 掺杂对膜的形貌和结晶度也有改善。将 2D 掺杂剂加入 3D 钙钛矿中减缓了结晶过程，从而形成了具有更均匀晶粒的致密薄膜。将正丁基铵离子（n-BA^+）引入 FA/Cs 基钙钛矿中可生成无针孔的定向颗粒膜。推测 n-BA^+ 促进了 3D 晶粒的横向生长，从而使钙钛矿薄膜更加光滑和纹理化。

前驱体中 2D 掺杂减缓了钙钛矿的结晶过程，导致晶粒尺寸增大。例如，将 5% 的 2-氯乙胺离子（CEA^+）和 2-溴乙胺离子（BEA^+）引入 FA/Cs 基钙钛矿中，使得在膜形成的过程中，I^- 与 Cl^-/Br^- 之间的离子交换阻碍了结晶过程。在 CEA^+ 掺杂的钙钛矿薄膜中可以得到较大的晶粒。在 3D 钙钛矿中掺杂 2-噻吩甲基铵离子（2-$ThMA^+$）增加了薄膜的晶粒尺寸。将 PEAI 掺杂到无机钙钛矿 $CsSnBrI_2$ 中，形成中间的 2D 结构作为 3D 相生长的模板，可使晶粒变大。结合 PEAI 和氢碘酸（HI）的作用，对 $CsPbI_3$ 的结晶进行了优化，除了较大晶粒外，噻吩环之间的 π-π 相互作用增强了 2D 和 3D 区域之间的连接，促进了钙钛矿薄膜中的电荷传输。

2D 阳离子的掺入对钙钛矿薄膜的晶体取向也有影响。纯 3D 钙钛矿薄膜通常具有随机晶体取向。对于纯 2D 和准 2D 钙钛矿，（100）面倾向于平行于衬底生长，具有很强的各向异性生长趋势。在 2D 掺杂钙钛矿中，2D 相更倾向于（100）面垂直旋转到衬底上的边缘方向。2D 掺杂钙钛矿 $BA_{0.09}(FA_{0.83}Cs_{0.17})_{0.91}Pb(I_{0.6}Br_{0.4})_3$ 在 3D 钙钛矿相的 [100] 方向和 2D 相的（100）面垂直于衬底方向显示出清晰的织构。推测在结晶过程中，n-BA^+ 被推到 3D 畴的生长边缘，加速了 3D 晶体的横向生长，从而产生了 [100] 织构 3D 畴。2D 钙钛矿随后被推到晶界与边缘向上的方向，高织构膜促进电荷分离和传输，2D 钙钛矿的向上取向也降低了 2D 相与相邻 3D 畴之间的界面能垒。掠入射广角 X 射线散射可以通过 2D 修饰直接反映晶体取向的变化。随着 BA 掺杂量的增加，衍射斑的强度增大，会逐渐消除了（h00）反射的衍射环。

② 钝化晶界和界面缺陷

2D 钙钛矿的（001）面倾向于与 3D 钙钛矿的（010）面对齐，并垂直向基底旋转以降低界面能，这在晶界处形成了典型的 2D/3D 量子阱结构。由于 2D 钙钛矿的带隙较大，载流子在到达 2D/3D 界面时被排斥回 3D 晶粒。载流子限制的影响减少了载流子捕获和在晶界处的复合，提高了太阳能电池的性能。大量研究表明，将 2D 阳离子引入 3D 钙钛矿可以有效钝化晶界缺陷和悬空键，显著减少非辐射复合。Wang 等人将 BA^+ 引入 FA/Cs 基钙钛矿中，发现 2D 体积阳离子自发地沿着晶界聚集并使俘获点钝化。由于减少了复合，2D 掺杂也减少了滞后现象。Ye 等在 3D PSCs 中混合了 0.75% 五氟苯乙基铵离子

($5FPEA^+$）和0.25%苯乙基铵离子（PEA^+）两种类型的2D铵掺杂剂，两个体积阳离子之间的非共价相互作用为钙钛矿晶界提供了更好的钝化作用。共掺杂策略进一步提高了PSCs的载流子迁移率和寿命，促进了载流子的提取。

（3）2D-3D双层PSCs

① 表面缺陷钝化

钙钛矿薄膜含有悬空键和离子空穴等表面缺陷，这些缺陷引起了强烈的非辐射复合，降低了太阳能电池的V_{OC}。在2D-3D双层PSCs中，表面缺陷被2D钙钛矿层钝化，所得的V_{OC}明显高于相应的3D材料。采用BA^+钝化FA/Cs的PSCs，在n-i-p PSCs中获得了1.24V的高V_{OC}。在p-i-n倒置PSCs中，溴化胍（GABr）表面钝化获得了创纪录的1.21V V_{OC}，比控制设备高出100mV。PEAI钝化使$FA_{1-x}MA_xPbI_3$太阳能电池的V_{OC}增加到1.18V，吸收带隙为1.53eV，达到理论限值的94.4%。然而，2D铵化膜退火形成PEA_2PbI_4钙钛矿时V_{OC}下降，因此，钝化是由2D覆盖层还是PEAI盐本身的薄绝缘层引起的仍存在争议。通过苯基三甲基氯化铵（PTACl）钝化，无机钙钛矿$CsPbI_3$与PCE（约19.03%）结合，PSCs的V_{OC}可提高至约1.14V。

PEAI盐钝化的机理利用了铵盐的电偶极子，能自发中和钙钛矿表面的负电荷和正电荷离子缺陷。偶极子通过场屏蔽作用将载流子排斥在界面上，减少载流子的复合。然而，由于PEAI的反应活性高，很容易与3D钙钛矿反应形成2D钙钛矿，因此碘化盐钝化并不稳定。最近，1-萘甲基碘化铵（NMAI）被用于处理3D钙钛矿，表现出偶极场的表面钝化效应。大的阳离子尺寸使其难以形成2D钙钛矿相。作为一种具有2D钙钛矿和偶极效应的双功能钝化剂，NMAI钝化可以达到1.20V的高V_{OC}。

② 能带对齐调整

能级排列在太阳能电池的电荷分离和传输中起着重要的作用，界面处的能级不匹配会导致不理想的电荷复合和输运电阻。钙钛矿和ETL/HTL界面之间的能级可以通过插入合适的2D夹层来调整。2D $PEA2PbI_4$具有较高的导带最小值（CBM），在三维钙钛矿和碳电极之间形成空穴选择层，阻挡电子回流。通过BABr处理，$Cs_{0.17}FA_{0.83}Pb(I_{0.6}Br_{0.4})_3$的价带最大值（VBM）下降，在宽带隙PSCs中$V$oc-to-band ratio（单位带宽提供的开路电压）最高。在2D-3D双层结构中，2D钙钛矿可以积极参与电荷转移过程，使PSCs不受电荷传输层的影响。1-萘甲基碘化铵（NMAI）可与钙钛矿表面的负电荷缺陷相互作用并形成偶极子，极化导致钙钛矿价带向上弯曲向HTL，促进和增强空穴运输。1-萘甲基溴化铵（NMABr）也被用来形成更好的波段排列，卤化物离子在NMABr和三维钙钛矿之间的交换形成了具有更高VBM的p型2D覆盖层，有效地阻隔电子，促进空穴转移。

通过2D钝化可以精细调节2D-3D覆盖层的CBM。适当的CBM上升可以促进电子注入ETL中，而不影响钙钛矿层中的电子输运。因此，在p-i-n器件中应用二维钝化策略也是可行的。GABr处理后提高了钙钛矿对CBM的E_F，更多的n型钙钛矿表面促进PCBM的电子注入。PEAI处理后形成一个3D-2D梯度界面，CBM水平上移，有利于钙钛矿到

PCBM 的电荷转移，防止电子从 PCBM 回流到钙钛矿中。

(4) 稳定性的改进策略

潮湿、高温和光照条件会加速 PSCs 的降解。由于 2D 钙钛矿具有较高的生成能量和疏水特性，因此可以通过 2D 修饰来提高 PSCs 的稳定性。准 2D 钙钛矿首先由 MA^+ 和 PEA^+ 形成，并表现出较好的环境稳定性。由于长烷基链 2D 铵盐能提高钙钛矿膜的疏水性，在 PSCs 中加入 PEA^+ 和其他 2D 铵离子可以增强水分稳定性。2D 改性钙钛矿膜的疏水性随烷基链长度的变化而变化，长链阳离子己基碘化铵（HAI）处理后的 PSCs 表现出了较好的湿度稳定性。烷基铵掺杂剂上的—Cl、—F、—CF_3 等卤素官能团可提高 2D 改性钙钛矿的疏水性。经 2-氯乙胺离子（CEA^+）和 2-溴乙胺离子（BEA^+）掺杂后，可形成基于 FA/Cs 的钙钛矿太阳能电池，表现出显著的湿度稳定性，在相对湿度（RH 约 50%±5%）下储存 2400h 后，其初始功率转换效率（PCE）的湿度保持率为 92%。含氟 2D 改性剂可显著提高钙钛矿膜的疏水性，三氟乙胺阳离子（$TFEA^+$）的加入显著提高了器件的湿度稳定性。二胺具有两个氨基与 3D 钙钛矿的 PbI_2 八面体结合，具有较高的结合能。乙二铵离子（EDA^{2+}）能有效阻隔水分和氧气，稳定锡基钙钛矿材料的组成和相结构。此外，EDA 的掺杂减缓了 Sn 基钙钛矿中 Sn^{2+} 的氧化。EDA 掺杂的 $FASnI_3$ 在 2300h 后甚至达到更高的 PCE（RH 约 50%，包封）。60 种疏水三元和季铵盐阳离子，如四甲基铵离子（TMA^+）、十六烷基三甲基铵离子（CTA^+）、四乙基铵离子（TEA^+）、四丁基铵离子（TBA^+）和四己基铵离子（THA^+），也用于 3D 钙钛矿的后处理。由于较大的空间位阻，这些体积较大的三元和季铵离子无法嵌入 3D 钙钛矿晶格中。然而它们却能改变表面的 Pb—I 键，阻止水在活性 Pb 位点上的吸附，从而减少 3D 钙钛矿的降解。

在高温下，PSCs 的降解会加速。MA^+、FA^+ 等挥发性有机阳离子在高温下容易丢失，导致钙钛矿材料的分解。2D 掺杂增强了钙钛矿材料的结合强度和抗热降解性。在 $MAPbI_3$ 中掺杂 3.3%的辛基碘化胺（OAI），挥发性较差的 OA^+ 屏蔽了 $MAPbI_3$ 颗粒，抑制了热诱导降解。例如，OAI 掺杂的 PSCs 在 85℃和环境气氛下储存 760h 后，保留了初始 PCE 的 80%。正丁胺（*n*-BA）覆盖 2D 钙钛矿层时，由于热挥发降低，阳离子/阴离子空位密度降低，在 95℃连续加热 100h 后，未封装的 PSCs 仍保持了初始效率的 96.5%。脒衍生的阳离子和胍可以与 $[PbI_6]^{4-}$ 层形成更强的氢键，提高修饰钙钛矿的热稳定性。将苯甲脒氯化物（PhFACl）引入 3D 钙钛矿中，在 80℃热处理 1400h 后，PSCs 可维持 90%的初始 PCE。

光照或 UV 诱导降解比湿度和热诱导降解更重要。钙钛矿表面的晶格可以在光照下扩展，导致离子沿着扭曲的 PbI_6^{4-} 八面体迁移更快。由于更大的层隙和更强的化学键合，光照诱导的离子迁移在 2D 钙钛矿中显著减少。在 $FAPbI_3$ 中掺杂 PEA^+，通过晶格连锁使 3D 畴稳定，导致界面和稳定相的有效钝化。连续照明 500h 后，稳定性提高 30%。2D 覆盖层钝化了 3D 钙钛矿表面的卤化物空位，并阻断了界面上向外的离子扩散，基于 *n*-BA 的 2D-3D 双层 PSCs 获得了增强的照明稳定性。在太阳光照射下，最大功率点

(MPP) 跟踪 500h 后，PSCs 维持 85%的初始效率。含有五氟苯乙基铵离子（$5FPEA^+$）的 2D 覆盖层可减少离子在不同功能层的迁移，开封装置在潮湿空气和模拟太阳光照下运行 1000h 后，其初始效率仍保持 90%。对于带有一价阳离子的 RP 相 2D 钙钛矿，间隔阳离子末端的氨基在相邻的 3D 钙钛矿板之间形成范德华键。二胺也可以插入 2D 和准 2D 钙钛矿中，形成 Dion-Jacobson 相 2D 钙钛矿，其一般公式为 $M'A_{n-1}Pb_nI_{3n+1}$，其中 M'为二价有机阳离子。二胺间隔体在相邻的 3D 平板之间引入更强的相互作用，导致更低的激子结合能和更好的载流子输运特性。除伯胺类外，仲胺类和脒类阳离子也可用于形成 2D 钙钛矿。

总之，2D 改性剂的疏水性使 PSCs 具有良好的抗湿稳定性。2D 修饰剂抑制缺陷形成和离子迁移的效果有待系统研究。结合热电效应和铁电效应，开发具有显示、传感和多源能量采集功能的多功能器件将是令人振奋的研究方向。

2.6 最新研究进展

中科院半导体所游经碧研究员和南京理工大学曾海波教授在本领域曾做出了具有标志性的贡献，目前的前沿工作如下。

游经碧等提出了基于阳离子工程制备高效率光谱稳定的蓝光钙钛矿发光二极管[7]。针对蓝光钙钛矿发光效率低、光谱不稳定等问题，该团队将离子半径较大的乙胺阳离子 $CH_3CH_2NH_{3+}$（EA^+）引入 $PEA_2(CsPbBr_3)_2PbBr_4$ 钙钛矿体系中，部分替代了 Cs^+，形成 $PEA_2(Cs_{1-x}EA_xPbBr_3)_2PbBr_4$ 钙钛矿，成功地将钙钛矿薄膜的发光峰位从绿色区域（508nm）调节到蓝色区域（466nm），并在蓝色区域获得了 70%以上的荧光量子产率。理论计算表明 EA^+ 进入 $CsPbBr_3$ 的晶格后，将会阻碍 Pb-Br 轨道之间的耦合形成更低的价带顶，产生更大的带隙。更为重要的是制备的蓝光钙钛矿薄膜在紫外光和加热条件下表现出很好的光谱稳定性。最终，在 EABr 为 60%条件下，研制出外量子效率为 12.1%且发光峰位于 488nm 的蓝光钙钛矿发光二极管（图 2.6.1），为基于钙钛矿发光二极管的全光谱显示、照明奠定了基础。

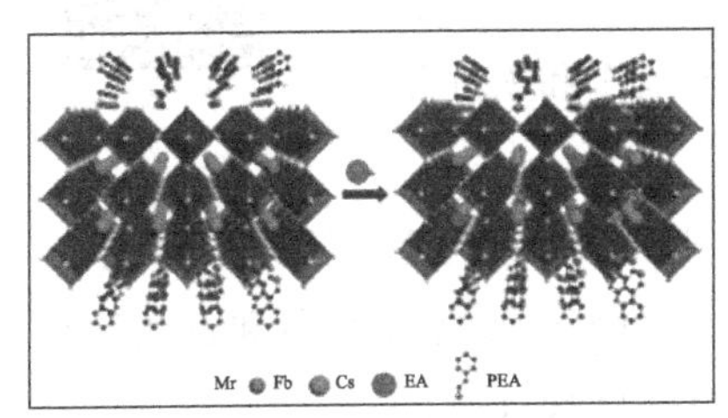

(a) EA^+阳离子进入$CsPbBr_3$晶格

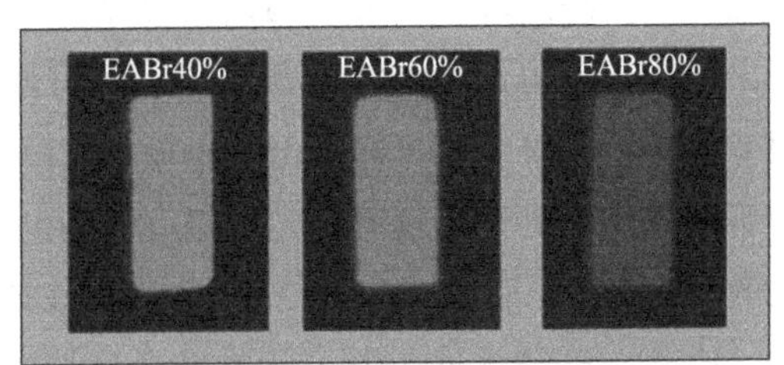

(b) 不同EABr含量器件发射图

图 2.6.1 蓝光钙钛矿发光二极管

曾海波等提出了基于单层异相卤化钙钛矿制备高效亮白光发光二极管[8]。团队围绕全无机钙钛矿 $CsPbI_3$ 黑黄两相之间的光电协同效应，通过精确设计两相比例，实现载流子的可调分配，并最终实现输出可调的明亮高效电致白光，外量子效率达 6.5%，最大亮度为 12200cd/m^2。利用的物理原理如下。

① 全无机钙钛矿 $CsPbI_3$ 为软晶格，晶格发生畸变后，δ-$CsPbI_3$ 表现出强载流子声子和激子声子耦合，其中载流子和激子在晶格畸变中能够"自捕获"（STE），从而产生宽光谱发光，具有较大的斯托克斯位移。目前，这类体系的白光光致发光性能已经取得了显著的突破，荧光量子产率（PLQY）高达 86%。然而，其电荷输运差的特点严重限制了电驱动下激子的复合，因此难以实现高效的白光电致发光器件［之前所报道的器件效率（外量子效率，EQE）低于 0.1%］。

② 采用 α-$CsPbI_3$/δ-$CsPbI_3$ 单层异相薄膜作为发光体，来构筑电致发光器件。其中，α-$CsPbI_3$ 具有优越的电子输运和红光发射性质；δ-$CsPbI_3$ 具有宽的白色自捕获发射。通过调整混合相层中 α 相和 δ 相的比例，从而来调控薄膜的发光性能和电输运特性。载流子的注入和复合具有很强的协同能力，在 α/δ 异相界面存在光电协同效应，可以实现电子从 α 相到 δ 相的电荷转移，以克服较差的电荷传输性质。高效电致白光的实现是由于在电场下，电荷注入 α-$CsPbI_3$，然后电子直接转移和场辅助空穴转移到 δ-$CsPbI_3$，进而实现了激子在 α-$CsPbI_3$/δ-$CsPbI_3$ 中的辐射复合。通过调控退火工艺可以很好地控制 α/δ 相的比例，进而使 Pe-WLEDs 展现出覆盖暖白光和冷白光的色温（图 2.6.2）。

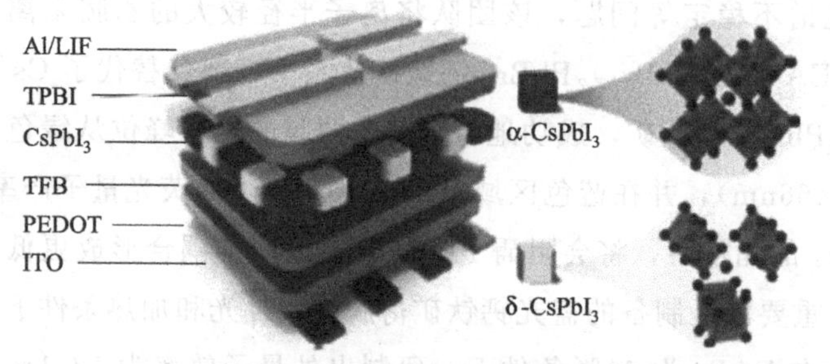

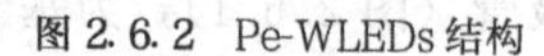
(a) 具有异相协同效应的α/δ-CsPbI$_3$发光层结构

(b) 工作时的白发光射图

图 2.6.2 Pe-WLEDs 结构

游经碧研究员和曾海波教授及大量国内研究学者在钙钛矿发光材料与器件领域的突出成就，带动了国内相关领域的大面积创新工作和人才培养工作，为实现节能减排和碳中和目标做出了积极的贡献。

在最新的研究方面，主要为发展白光 LED 的应用，研究人员基于物理原理开展了一些具有方向性的研究工作。钙钛矿发光二极管（PeLEDs）的电致发光在绿色和红色区域的外量子效率（EQE）已经超过 20%，而在蓝色区域的效率则远远落后。

增加钙钛矿带宽的方法有多种，第一种方法是用氯代替溴，然而，Br-Cl 混合钙钛矿在光照或电势下会出现相分离，从而产生移峰或多峰。第二种方法是掺杂金属离子 Zn^{2+}、Cu^{2+}、Mn^{2+}、Al^{3+} 替代 Pb^{2+} 以调节导带。第三种方法是降维（从 3D 到准 2D 至 1D），通过加入一些半径较大的大阳离子，把三维钙钛矿的原胞隔开变成层状，每层有 *n* 层钙钛矿的原胞，利用量子阱结构效应，实现带隙调控（图 2.6.3）。

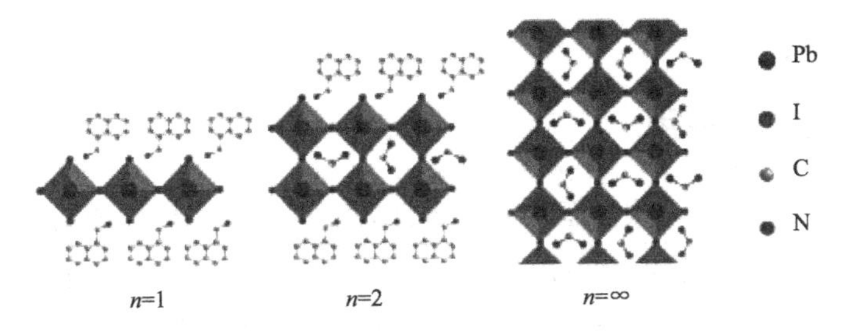

图 2.6.3 将钙钛矿晶体从 3D 降低到准 2D 至 1D 的示意图（n 表示层数）

2.7 应用

2.7.1 钙钛矿红外线光电探测器

室温红外线光电探测器无论在军事还是民用领域均有极大的应用价值，是钙钛矿材料发展的重点应用之一。纯钙钛矿 $MAPbI_3$ 和 $FAPbI_3$ 的带隙为 1.4～1.5eV，可以直接探测 800～900nm 范围的近红外光。但由于带隙边缘吸收光谱的急剧下降，其应用受到了限制，需要寻找其他具有更宽光谱范围的材料。

基于 $CH_3NH_3PbI_{3-x}Cl_x$ 钙钛矿/P3HT/石墨烯结构的多异质结器件能够克服这一障碍。虽然带隙约为 1.55eV（800nm），但在 895nm 光照下，响应率高达 1.1×10^9A/W，增益为 1.5×10^9。即使在 1300nm 的光照下，其光电流仍约为 25μA，响应率约为 876A/W。在吸收边缘以外的近红外区域，这种意想不到的强光响应被认为是由钙钛矿带隙内的激子所激发的。

不同于能带/缺陷工程，双光子吸收是另一种检测 800nm 红外光的方法，是在 $MAPbBr_3$ 和 $CsPbBr_3$ 体单晶光电探测器中被发现的。为发现更多的材料，采用了各种制备方法，如钙钛矿异质离子掺杂法。用 Sn 部分或全部替代 Pb 也是一种有效的方法，如在 $MA_{0.5}FA_{0.5}PbI_3$ 钙钛矿中用 Sn 部分替代 Pb，其近红外光电探测范围为 800～970nm，灵敏度超过 10^{12}J。采用固体源化学气相沉积方法制备的 Sn 完全替代 Pb 的 $CsSnI_3$ 钙钛矿（能带隙为 1.34eV），用于纳米线阵列的近红外光电探测器，在 940nm 光照射下响应率为 54mA/W。

将可见光钙钛矿材料与红外敏感材料结合，可扩展探测光谱范围。例如，将 PbS 量子点与 $MAPbI_3$ 钙钛矿（$PbSMAPbI_3$）表面钝化，用于光电探测器，在 400～1500nm 范围内表现出 5×10^{12}J 的探测能力和均匀的响应率。PbS QDs 嵌入 $MAPbI_3$ 矩阵中形成（$MAPbI_3$ • PbS）导致了超高增益。$CsPbBr_3$ 量子点和 PbS 量子点的混合光电晶体管，响应率为 4.5×10^5A/W，探测率为 7×10^{13}J，光探测率在 400～1500nm 之间。将小带隙染料（$CyPF_6$ 和 $CyBF_4$）耦合到钙钛矿复合光电探测器中，可将光谱范围扩大到 1600nm，响应率高，并具有低暗电流和快室温响应的特点。小带隙聚合物，如 PDPP3T、PDPPTDTPT：PCBM、PDPP3T：PC71BM 等也是可用于此类红外光电探测器件的复合材料。

2.7.2 钙钛矿量子点的光伏应用

在半导体太阳能电池（SCs）的发展过程中，主要分为三代：第一代为硅基电池；第二代为多组分电池，包括铜铟镓硒薄膜（GIGS）、碲化镉（CdTe）、砷化镓；第三代为太阳能电池，主要包括有机太阳能电池、量子点太阳能电池、钙钛矿太阳能电池（PSCs）。其中，钙钛矿材料具有 ABX_3 晶体结构［A 有机或无机阳离子，通常包括 Cs^+、Rb^+、甲基铵离子（MA^+）、甲脒离子（FA^+）；B 为 Pb^{2+} 或 Sn^{2+}；X 为卤离子 I^-、Br^- 和 Cl^-］。由于其具有长载流子寿命、可调谐带隙、容易沉积、便宜的前驱体等特点。到目前为止，介孔负-内-正（n-i-p）配置的 PSCs 功率转换效率（PCE）已经达到了 25.2%，非常接近最好的 Si 电池。

Swarnker 制作了第一款钙钛矿（Pe）QDs 太阳能电池，该电池由立方相 $CsPbI_3$（α-$CsPbI_3$）组成，不含挥发性有机基团，效率为 10.77%。与热力学稳定但光学不理想 2.82eV 带宽的正交相 $CsPbI_3$（δ-$CsPbI_3$）相比，在室温条件下，1.73eV 带宽的 α-$CsPbI_3$ 普遍表现出较差的相稳定性。然而，由于表面能的变化，导致了在室温下，α-$CsPbI_3$ QDs 的相变温度明显降低，且可以稳定数月。之后，人们进行了基于 α-$CsPbI_3$ QDs 的光电器件中电荷传输研究，以提高转换效率。显著的工作有：①通过 QDs 与 μ-石墨烯交联，抑制了由凝聚引起的 α-$CsPbI_3$ QDs 的相变，获得了 11.4%的 PCE，增强了耐湿性。②用短链配体作为顶配体，取代常用的长绝缘配体油酸（OA）和油胺（OLA），获得了更高的 PCE，达到 11.87%。在载流子输运层的研究方面，用常用的螺杆-ometad 取代聚合物空穴输运层（HTL），加速 QDs/HTL 界面的电荷提取，PCE 提高到 12.55%。元素掺杂在量子点中也是有效的方法。在热注入法中掺杂适量的镱，效率提高到 13.1%；用阳离子卤化盐（AX）进行表面钝化处理，优化了电极间的耦合，PCE 分别为 13.43%和 14.1%。

“n-i-p”结构的钙钛矿太阳能电池通常比“p-i-n”结构的钙钛矿太阳能电池具有更好的器件性能。由于采用玻璃/ITO（或 FTO）/ETL/Pe-QD 膜/HTL/电极配置，具有 n-i-p 结构的 Pe-QDs 太阳能电池受到了广泛的关注。ETL 常用介孔或平面 TiO_2 和 SnO_2；HTL 一般使用 Spiro-OMeTAD、PTAA、P3HT 等。目前的 Pe-QDs 技术可以连续直接沉积多种不同的 Pe-QDs 薄膜。从带隙角度看，$FAPbI_3$ 的带隙为 1.55eV，小于 $CsPbI_3$ 的（约 1.74eV），而阳离子混合 $Cs_{1-x}FA_xPbI_3$ 的带隙在 1.55～1.74eV 之间。因此，基于不同 $Cs_{1-x}FA_xPbI_3$ 组成的 Pe-QDs 层沉积了两个或多个薄膜，进而产生吸光层带隙梯度，可以更充分地利用太阳光谱。此外，Pe-QDs 膜内两个 $Cs_{1-x}FA_xPbI_3$ 量子点形成的异质结可以产生额外的驱动力，推进电子向 ETL 和空穴向 HTL 运动。实验证实，用 $CsPbI_3$ QDs 与 $Cs_{0.25}FA_{0.75}PbI_3$ QDs 可以形成异质结，其 FA 浓度会发生变化。在 $CsPbI_3$ QDs 与 $Cs_{0.25}FA_{0.75}PbI_3$ QDs 的最优厚度比下，器件的 PCE 最终突破 17%的阈值。

一般的太阳能电池模型适用于 Pe-QDs 太阳能电池，可以计算理论的 PCE 极限，揭示复合和电损失的机理。目前，达到的最高效率还远远没有达到 Shockley-Queisser（SQ）极限，制造技术还需要进一步的发展。

钙钛矿量子点还有各种应用，如激光、荧光探测、3D 显示、偏振光等，在此仅介绍上述两种典型应用。未来随着技术的进步，各种应用也将层出不穷。

2.8 未来展望

将强约束的 MHP-NCs 集成到当前基于钙钛矿电池应用的研究中，特别是在 LED 领域。与 MHP 体材相比，NCs 具有一些优点：MHP 体材具有相对较小的激子结合能（2～6mev）、较长的寿命和较长的扩散长度。然而，量子限制的 NCs 结构，特别是一维和二维的受限结构，激子结合能高达 250mev，相对于体材具有更短的辐射寿命，限制了其在 LED 平台上实现高外量子效率（EQE）的能力，因此更适合作为 LED 应用中的光子源。$CsPbBr_3$ 纳米晶闸管被集成到高量子效率的绿色发光二极管（EQE 高达 21.3%）中，但由于氯离子和混合卤化物的低 QY，使得制备高效蓝光 LED 变得困难。但是，受限的 $CsPbBr_3$ 利用了缺陷容忍特性和高 QY，有可能将其扩展到利用尺寸可调的带隙高效率蓝光 LED 应用中。

量子受限的 $CsPbBr_3$-NCs 被证明是有效的蓝光发射器，最小量子点的发射波长为 460nm，单层 NPLs 或 NWs 的发射波长约为 420nm。目前，应用中最重要的问题是空穴注入，可以通过适当的配体和基质选择来调节。虽然量子点可以保持其高量子产率（QY）（高达 80%），然而，在制造出高效的 LED 之前，为了充分利用钙钛矿型的 NPLs，需要解决的主要问题是固有的低 PLQY。

由于具有大的载流子禁带宽度，禁带宽度的限制成为理想的应用。为此，杂化和全无机量子点、NPLs 和 NWs 的合成得到了很好的发展。此外，通过各种合成后表面处理或掺杂，进一步提高了 PLQY 的性能。虽然相对较低的稳定性仍然是一个有待解决的主要问题，但这种新型的量子限制半导体 NCs 作为光子和电荷的来源，在各种应用中是一种很有前途的优于现有半导体 NCs 的新型材料。

参考文献

[1] Kojima A, Teshima K, Shirai Y, et al. Organometal halide perovskites as visible-light sensitizers for photovoltaic cells [J]. J Am Chem Soc, 2009, 131 (17): 6050-6051.

[2] Sichert J A, Tong Y, Mutz N, et al. Quantum size effectin organometal halide perovskite nanoplatelets [J]. Nano Lett, 2015, 15 (10): 6521-6527.

[3] Li Y, Zhang X, Huang H, et al. Advances in metal halide perovskite nanocrystals: Synthetic strategies, growth mechanisms, and optoelectronic applications [J]. Mater Today, 2020, 32: 204-221.

[4] Xu L, Yuan S, Zeng H, et al. A comprehensive review of doping in perovskite nanocrystals/quantum dots: evolu-

tion of structure, electronics, optics, and light-emitting diodes [J] . Mater Today Nano, 2019, 6: 100036.
[5] Li X, Cao F, Yu D, et al. All inorganichalide perovskites nanosystem: synthesis, structural features [J] . Opt Prop Optoelectron Appl Small, 2017, 13 (9): 1603996.
[6] Zhi C, Li Z, Wei B. Large cation ethylammonium incorporated perovskite for efficient and spectra stable blue light-emitting diodes. [J] . Appl Phys Lett Mater, 2021, 9, 070702.
[7] Chu Z, Zhao Y, Ma F, et al. Large cation ethylammonium incorporated perovskite for efficient and spectra stable blue light-emitting diodes [J] . Nat Commun, 2020, 11: 4165.
[8] Chen J, Wang J, Xu X, et al. Efficient and bright white light-emitting diodes based on single-layer heterophase halide perovskites [J] . Nat Photonics, 2021, 15: 238-244.

第3章

手性无机纳米材料的性质和应用

人的左手与右手在对称性上是有差异的，这种结构差异被称为手性。一些纳米尺度的物体会产生手性结构，由于其对偏振光的吸收不同，折射率也不同，因而具有旋光性，产生了圆偏振光。圆偏振光分为左旋光和右旋光，具有二色性。圆二色性（CD）对外界力、热、电等物理因素极其敏感，其效应可扩展至各类材料（如手性分子铁电材料），因而蕴含了无穷的应用潜力。目前，手性纳米结构已成为材料、化学、生物和医学等众多科学领域的研究热点。

理论上，任何纳米结构都可以通过手性体和/或表面缺陷导致的低对称性而具有手性。然而，由于每种对映体的数量相同，宏观纳米结构总体一般不呈现任何净手性。1998 年，Schaaff 等[1] 首次在 L-谷胱甘肽分子的辅助下制备了手性金纳米团簇，为手性无机纳米结构的研究开辟了道路。到目前为止，研究者们已经提出了通过选择合适的手性分子作为稳定剂合成无机纳米结构的各种方法。

本章介绍了金属、半导体和磁性纳米结构的手性材料，各种手性纳米结构的制备路线，无机纳米结构的手性起源，简要总结和展望了手性纳米材料的发展前景。

3.1 手性的概念

近年来，手性金属、手性半导体、手性碳材料等无机手性纳米材料发展迅速并被广泛应用于偏振控制、负折射率和生物医学等领域。其手性可能来源于图 3.1.1 所示的四种情况：①晶格错位或者缺陷导致的本征手性；②亚波长尺寸的手性形貌；③由非手性颗粒通过手性自组装而成的手性结构；④非手性颗粒与手性分子之间的手性作用。

近年来，出于下面 2 种科学动机，人们对无机纳米结构中手性的研究兴趣急剧上升：

a. 在某些情况下，纳米结构会获得巨大的光学活性，该手性信号比分子系统中的信号大得多，有可能导致有趣的光学效应，例如负折射；

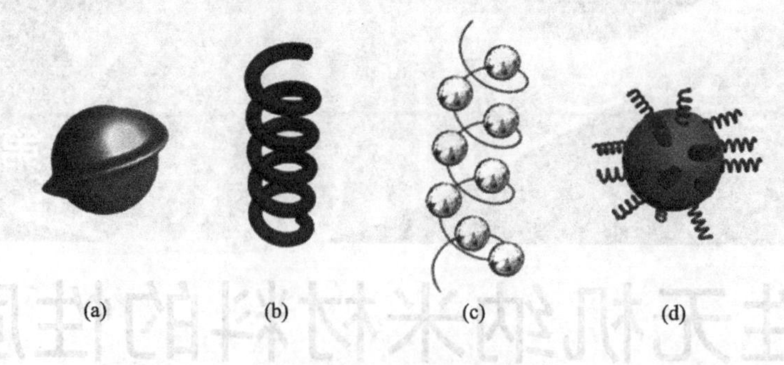

图 3.1.1 手性无机纳米结构

(a) 本征手性晶体；(b) 手性形貌；(c) 非手性颗粒的手性自组装结构；

(d) 非手性纳米颗粒与手性有机配体分子配合结构

b. 自然系统中手性的起源与纳米级不对称性的发生有关，这一思想驱使人们考虑不对称性可能出现的不同方式。此外，与宏观系统相比，纳米技术可以显示出许多特殊的性质。

鉴于结构的复杂性、材料的多样性以及手性内在产生机制的多面性，将通过对手性贵金属以及手性半导体两大类手性无机纳米材料的归纳总结，阐明目前手性无机纳米材料的主要合成方法、基本物理机制以及潜在应用，以求为该新型材料的发展方向以及前沿问题提供研究基础。

3.2 低维手性无机纳米材料

从合成单个纳米粒子及其组装体，扩展到金属、半导体、陶瓷和纳米碳等纳米结构，手性无机纳米材料显示出很强的圆二色性。

Whetten 等发现在以 L-谷胱甘肽分子封端的小金簇电子跃迁中有 CD 活性。有三种机制来解释所观察到的金属电子态 CD：①纳米团簇的核具有本征手性，金簇与手性配体的相互作用，使得对映体形成过量的核金属原子固有手性排列；②手性分子吸附在团簇表面会形成手性排列，即非手性核与手性配体的手性吸附模式相互作用（“手性印迹”）；③核电子与分子手性中心的电子相互作用，导致手性配体产生了不对称的电场诱导。科学家们首先对金-硫醇纳米簇进行了实验和理论研究。强硫醇-金键使金属团簇表面扭曲，形成金原子的手性表面构型，还会影响团簇的电子态并导致金属态 CD 的出现。Dolamic 等人通过实验证实了固有手性 Au_{38} 簇的存在（包覆非手性硫醇盐），手性表面原子构型可以存在于具有高度对称性的块状晶体结构材料中。值得注意的是，使用不同分类方法对手性无机纳米材料进行分类都是有效的。如一种分类方法是基于纳米结构中手性几何的物理起源，研究单个无机纳米粒子（NPs）及其组装体的不同手性类型，将有助于根据其几何元素将各种手性无机材料系统化，但这种分类方法稍显复杂。另一种分类方法是基于制备它们的无机材料，可以将手性无机纳米结构分为基于金属 NPs、半导体 NPs、磁性 NPs、金属氧化物 NPs、二氧化硅结构和碳纳米材料等的手性无机纳米材料。这种利用固体的能带结构对手性无机纳米结构进行分类的方法简单且有意义，因为固体材料的固有属性与其光学、化学和其他特性直接相关。基于后者，本章对手性贵金属纳米材料、手性半导体纳米材料、手性磁性纳米材料做分类介绍。

3.2.1 低维手性贵金属纳米材料

低维手性贵金属纳米材料的结构和手性特征如图 3.2.1 所示。在低维情况下，金属纳米离子很容易聚焦而形成团簇，具有手性的贵金属更是如此。由此形成的金属纳米团簇（metal nanoclusters）或金属颗粒（metal particles）是一类尺寸范围在 0.5～2nm 之间的特别纳米材料，以在尺寸相似的所有纳米结构中具有最强的旋转光学活性而著称，由于在光学和对映选择性催化领域潜在的应用，引起了科学界的研究兴趣。通常来说，团簇只含有少量的原子。纳米团簇填补了离散原子和等离激元纳米颗粒之间的空白。当贵金属纳米颗粒的尺寸小于导带电子的德布罗意波长时（约为 2nm），纳米颗粒的准连续能级将变成离散能级，出现强烈的量子限域效应；同时，纳米颗粒将不再出现表面等离子基元共振效应，而是出现类似于分子但又不同于分子的光学跃迁。一般情况下，贵金属团簇都是由金属元素和有机配体组成的，用 $M_x(L)_y$ 表示，M 表示金属元素，L 表示配体种类，x 和 y 分别表示金属原子和有机配体的数量。贵金属团簇的光学性质对其成分和原子个数非常敏感。在金属团簇化学中，金属元素主要为金、银、铜，配体主要是一些巯基类化合物、磷酸盐和铵盐。手性配体主要有谷胱甘肽、*N*-异丁酰基-L-半胱氨酸、D-青霉胺/L-青霉胺和 DNA 寡聚物。手性纳米团簇主要采用操作简单和成本较低的自下而上化学合成方法。一般来说，手性纳米团簇的制备方法可以分为三类：一步还原法、两相法和配体交换法。两相法和配体交换法也可以统称为间接合成法。在均相环境下，通过在贵金属前驱体溶液中加入手性的稳定剂，可以采用一步法直接合成得到贵金属纳米团簇。如果贵金属的前驱体溶液不能与手性稳定剂溶解在同一溶剂中，可以将前驱体相转移到另一相中，然后再进行还原、成核和生长的过程，这一方法称为两相法，其中涉及相转移的过程。当还原剂与功能化的基团不能相容的时候，可以采用配体交换的方法，先制备得到非手性的纳米团簇，再进行手性配体交换，得到手性纳米团簇。另外，手性分离技术，例如色谱法、电泳和使用手性生物分子的选择性沉淀可有助于提高特定大小纳米颗粒的产率。

通过手性配体诱导的方式制备贵金属纳米团簇操作简单易得，已有非常多的报道。对称的无机纳米核心可以与由手性配体产生的不对称电场发生耦合作用，在圆二色谱上产生新的信号，这就是不对称场理论。在 2006 年，Goldsmith 首先提出利用不对称场理论来探究手性来源[2]。具体来说就是利用 Particl-in-Box 模型，将金属团簇的对称核心中没有相互作用的电子限制在一个立方体中，周围分子的电荷利用点电荷表示，然后通过微扰理论可以直接计算出旋光强度。通过计算，他们发现，对称吸附的非手性分子或者对称排列导致的扰动不会产生手性信号，只有手性的分子或者不对称的电场与无手性的核心相互作用产生的不对称扰动才能产生手性信号。

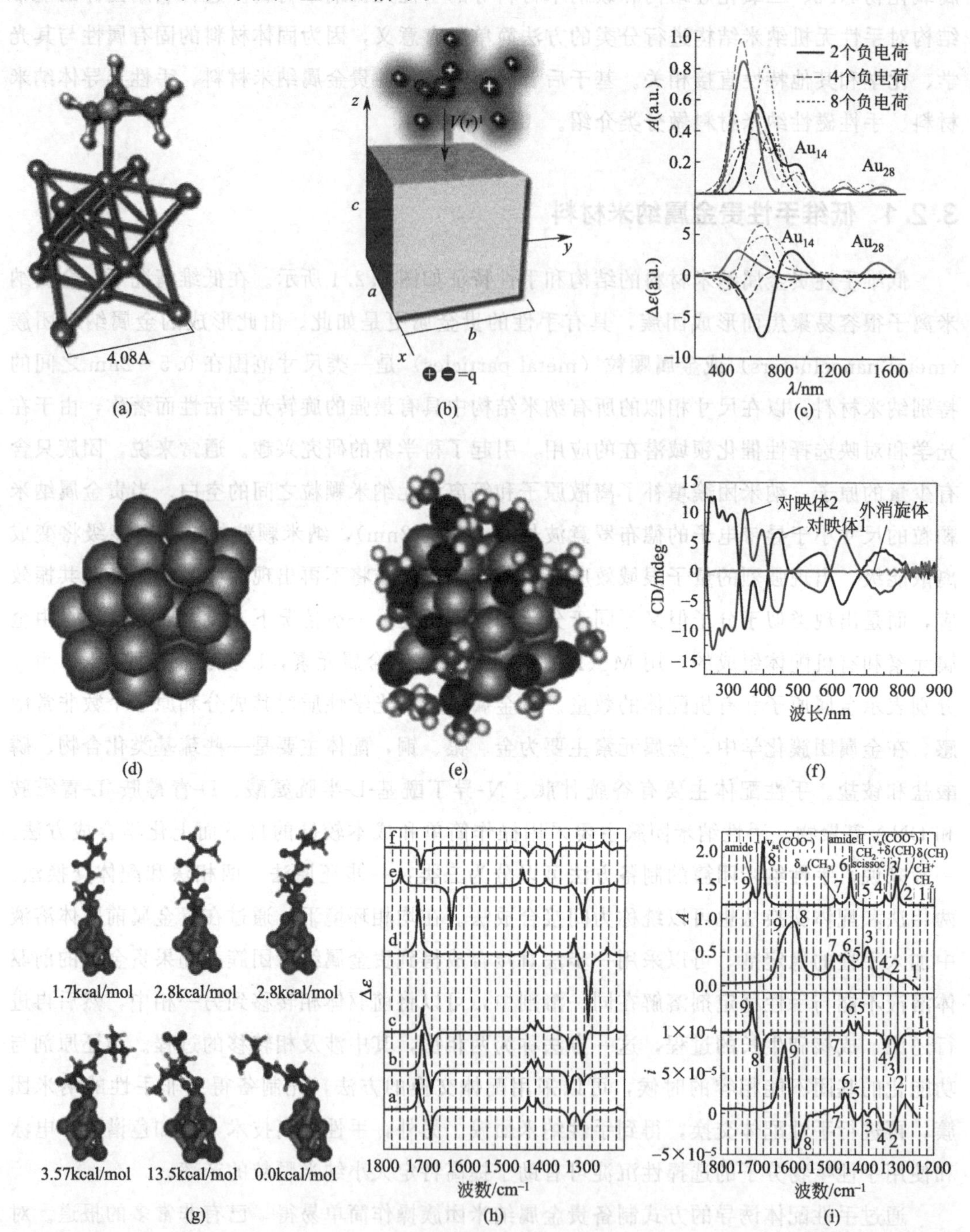

图 3.2.1　分子吸附在团簇表面的示意图（a）；纳米团簇的点电荷示意图（b）；2个、4个、8个负电荷包覆的纳米团簇的圆二色谱图（c）；裸露的 Au_{28} 纳米团簇（d）；巯基钝化的 $Au_{28}(SCH_3)_{16}$ 纳米团簇（e）；左旋、右旋和外消旋的 $Au_{38}(SCH_2CH_2Ph)_{24}$ 纳米团簇的圆二色谱图（f）；不同构型的 N-异丁基-半胱氨酸 Au_{38} 团簇的模型结构图（g）；对（g）中按照从上到下从左到右 6 种构型计算得到的振动圆二色谱图，依次从下到上表示（h）；实验得到的振动圆二色谱图（i）

$(1kcal = 4.1868 \times 10^3 J)$

贵金属纳米团簇的手性来源机制也可能是核具有本征的手性。Garzon 等人最早利用遗传算法和第一性原理相结合的方法来模拟计算金纳米团簇的手性来源。基于 Hausdorff 手性测量方法的计算，他们发现裸露的 Au_{28} 和 Au_{55} 具有本征的手性，而 Au_{38} 的核是没有手性的。同时，他们还探究了甲基硫稳定的 $Au_{28}(SCH_3)_{16}$ 和 $Au_{38}(SCH_3)_{24}$ 的团簇信号，发现这两种团簇也是手性的。Garzon 等人第一次在理论上预测了金属与巯基之间的相互作用可以增强无机本征核的手性信号，或者使没有本征信号的纳米团簇带上手性。Dolamic 等人利用液相色谱有效地分离得到了 $Au_{38}(SCH_2CH_2Ph)_{24}$ 对映体，并发现，这一对对映体的纳米团簇在圆二色谱上表现出非常完美的镜面对称信号。类似地，研究人员利用液相色谱分离得到了 $Au_{40}(SCH_2CH_2Ph)_{24}$ 的纳米团簇，研究表明，它与 Au_{38} 具有类似的本征手性。

手性分子吸附在金属表面的时候，可能会在金属的表面形成局部的手性结构排列，这就是手性印记模型。手性印记模型可以认为是上面两种理论的一个中间态。Burgi 等人制备得到了 *N*-异丁基-半胱氨酸保护的金纳米团簇，所制备得到的金纳米团簇不仅具有非常强的圆二色谱信号，同时还具有非常好的振动圆二色谱信号。他们通过密度泛函理论的模拟计算，发现 *N*-异丁基-半胱氨酸是通过巯基和羧基连接在纳米团簇的表面。通过这种双接触的模型，发现手性分子和它的对映体会在纳米团簇的表面形成局域的手性，从而使得整个纳米团簇具有手性光学活性。有研究人员利用手性分子制备得到 Au_{25} 纳米团簇，其不具有光学活性。当利用手性分子 *N*-异丁基-半胱氨酸和 BINAS（1,1′-联二萘-2,2′-硫二酚）进行配体交换后，得到的两种新的纳米团簇都具有了光学活性，这都说明这类纳米团簇的光学活性信号可以来源于手性印记。

需要指出的是，在实际的样品中，要区分这三种手性来源是非常困难的，特别是当配体是手性分子的时候。这是因为有机分子不仅仅是纳米团簇的稳定剂，同时，有机分子也会使得团簇的表面发生畸变。比如说，通过时变态密度理论计算，Garzon 等人证实在 Au_{25}(谷胱甘肽)$_{18}$ 团簇中，光学活性同时来源于无机纳米核的结构畸变和有机分子的不对称电场。

3.2.2 手性半导体纳米粒子

（1）手性晶体结构的半导体纳米材料

半导体纳米材料指的是将半导体材料如硅、氮化镓、氧化锌等制备成尺寸范围在纳米量级的一类材料。当半导体尺寸减小到纳米量级时，会出现很多新的性质，如硒化镉量子点带隙要比体相的带隙大很多，而且硒化镉量子点的带隙随着尺寸的减小而增加，对应的发光波长可以覆盖整个可见光区域。正是由于纳米材料的诸多与体材料所不同的性质，研究者对纳米材料的探索具有极其浓厚的兴趣。与贵金属纳米颗粒的光学活性相比，半导体纳米颗粒的光学活性是一个相对较新的领域。在过去的十几年间，众多的手性半导体纳米材料被开发和报道，它们的手性可以简单认为源自以下两大结构：具有手性晶体结构的半导体纳米材料（主要包括手性晶格和手性晶体缺陷等），和无手性晶体结构但具有配体诱导手性、手性形貌或者手性构型等的半导体纳米材料。

一般来说，具有手性晶格的半导体纳米材料可以有两种表现形式：材料晶体结构的最小基本单元是手性的；在晶体生长过程中，由于晶体错位或者缺陷导致晶格具有手性。

在 230 个晶体空间群中，有 22 个（11 对对映体）是手性的，由三重的或更高的螺旋轴组成。另外，还有 43 个低对称（非手性）空间群，这些空间群至少包含一个手性重复单元。Dryzun 和 Avnir[3] 估计大约有 28000 个已知的手性无机晶体，但是很少有人去研究它们的手性或旋光活性。$NaClO_3$ 是一种属于 $P2_13$ 空间群的晶体（对应于第二种手性晶体），是涉及手性的重要研究实例。但是，对 $NaClO_3$ 晶体的手性研究主要集中在微米或者更大的尺度，对其光学活性的研究需要将尺寸减小到纳米量级。此外，一些由缺陷导致的晶体扭曲结构也可以用透射电子显微镜来更为直接的观察。2013 年，Ben-Moshe 等人[4] 首次报道了拆分法制备手性 α-HgS 纳米晶体。α-HgS 的晶体结构属于 $P3_221$ 手性三角空间群（其对映体构型属于 $P3_121$ 空间群）[图 3.2.2 (a)]。在合成过程中，通过加入青霉胺作为手性表面活性分子，从非手性的 β-HgS 相中直接生长得到了手性 α-HgS 晶体。通过改变左旋青霉胺和右旋青霉胺的比例，他们发现当青霉胺分子全部为左旋或者全部为右旋构型的时候，α-HgS 纳米晶体的圆二色谱信号最大。他们认为 α-HgS 纳米晶体光学活性来源于硫化汞晶体的本征响应和纳米晶与吸附分子之间的近场相互作用，但是纳米晶体的本征响应在光学活性信号中起主导作用。之后，他们又利用同样的方法实现了 Se 和 Te 的纳米晶的对映选择性合成[5]，这些纳米晶的合成也受含有巯基的手性分子（如手性半胱氨酸和谷胱甘肽分子）的影响。同样，利用不含巯基的手性分子酒石酸，成功地实现了 $TbPO_4$-H_2O 纳米晶体的合成，且在可见光区域具有很强的圆偏振荧光发射响应[图 3.2.2 (b)]。虽然到目前为止，对手性无机半导体纳米材料的对映体合成已经有相关报道，但是与前面提到的 28000 种手性无机晶体相比，现阶段的研究还是非常有限的。要探究手性晶体结构与光学活性之间的联系，还需要更多的范例来证明。

半导体纳米材料的光学活性除了来源于手性晶体结构之外，也可以来源于生长过程中的手性缺陷，如螺旋形的点缺陷、面缺陷等。Gun’ko 等人在理论上验证了具有螺旋缺陷的晶体能有很强的光学活性，但很少能在宏观上观测到晶体的光学活性。他们提出：在晶体的生长过程中，产生具有左手性和右手性晶体缺陷的概率是一样的，所以在最后的产物体系中，左手性缺陷的量和右手性缺陷是一样的，因此最终的产物是外消旋的，也就是说，在圆二色光谱仪上是测量不到手性信号的。

实验中，手性半导体纳米粒子的合成遵循溶液中颗粒生长的典型方式。Mukhina 等人[6] 利用对映选择性相转移的方法，得到了具有单一手性缺陷的硒化镉-硫化锌核壳结构的量子点和量子棒材料 [图 3.2.2 (c)]。首先，他们利用非手性青霉胺配体作为稳定剂制备了硒化镉-硫化锌量子点，溶解于氯仿中，然后利用左旋（或右旋）半胱氨酸分子，将具有某一手性构型缺陷的量子点转移至水相，氯仿中剩余的量子点则对应于另一构型缺陷。利用圆二色光谱仪，他们观测到氯仿中的量子点与对应的半胱氨酸包覆的量子点具有

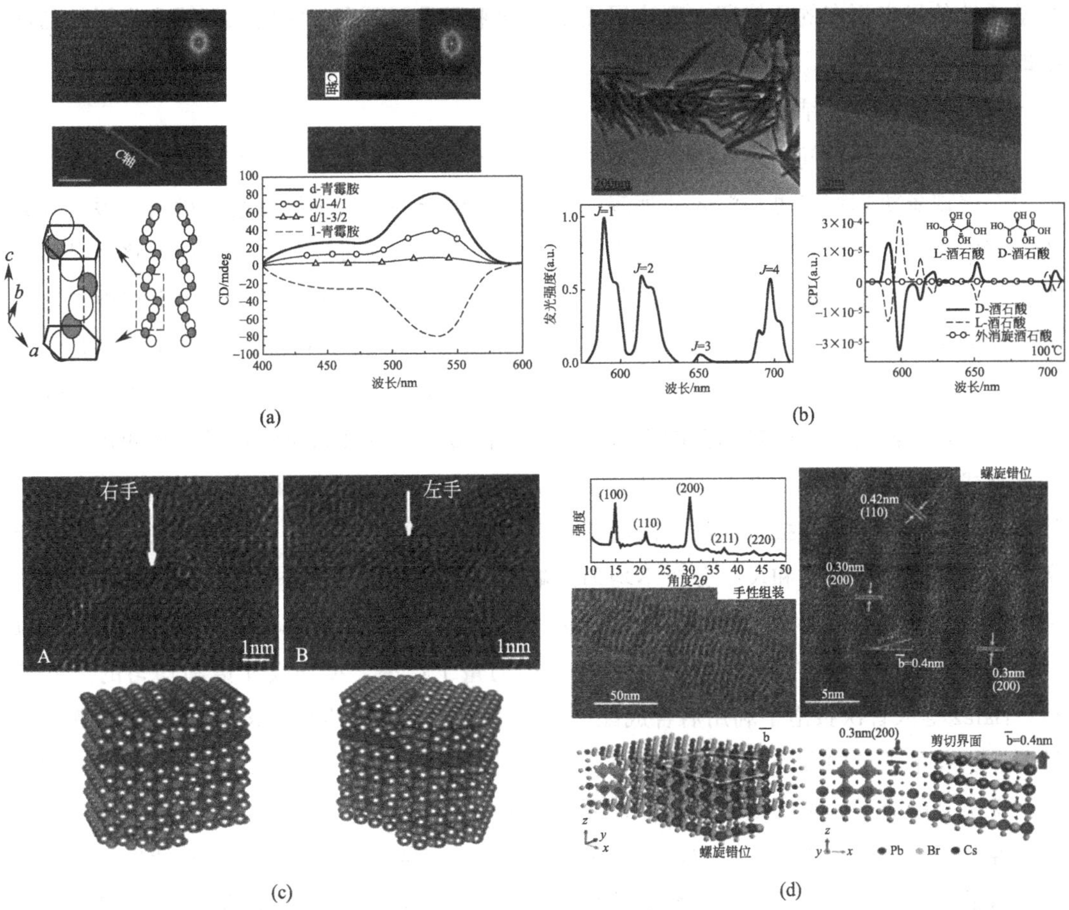

图 3.2.2 硫化汞晶体高分辨透射电镜图、结构示意图和圆二色谱图（a）；$TbPO_4$-H_2O 晶体的电镜图、荧光谱和圆偏振荧光谱（b）；硒化镉-硫化锌核壳结构量子点的透射电子显微镜图片和原子错位模型（c）；人工智能方法制备的手性钙钛矿 X 射线衍射图、电镜图和原子错位模型（d）

镜面对称的信号。对于手性分子作为配体的量子点材料，目前普遍认为所具有的光学活性是手性分子诱导导致的。但是由于氯仿中没有手性分子，所以氯仿中量子点的光学活性几乎不可能来源于手性分子诱导。通过透射电子显微镜，他们观测到了左手性和右手性的螺旋错误缺陷，这可以认为是对映选择性相分离后量子点光学活性的来源。Zhu 等人[7] 利用人工智能的手段，通过不断地改变合成温度和浓度，制备得到了手性钙钛矿［图 3.2.2 (d)］。通过不断的条件优化，他们制备了具有非常强的手性信号的钙钛矿。通过透射电子显微镜，他们观察到了一些螺线型的结构。通过模拟进行研究，铅原子和溴原子周围的最高占据分子轨道和最低未占据分子轨道的位置表明，铅-溴晶体之间的螺旋位错可能导致了样品的光学活性。位错的形成是一个与温度相关的非平衡过程，利用飞秒激光器对手性钙钛矿进行照射，产生了局部的热效应，同时发现利用飞秒激光处理后样品的手性信号发生了反转。

目前，有很多半导体材料都能实现缺陷诱导的可控合成，如位错驱动的硫化铅纳米线合成，但是对于这些材料的光学活性的研究还是很少，而且对于由手性缺陷导致的半导体光学活性的研究更多的还停留在理论层面上，未来还需要更多的实例来阐明光学活性与缺陷的直接联系。

（2）非手性晶体结构半导体纳米材料

在过去的十多年间，许多研究都集中在半导体纳米材料的光学活性诱导方面，这使得人们对该现象机理有了更加深入的理解。对于配体诱导的手性半导体纳米材料来说，其合成既可以在伴有手性分子的水相溶液中直接进行，也可以通过后处理的方法，将半导体纳米材料表面的非手性配体置换成手性分子。Moloney 等人首次报道了在利用水相微波法合成硫化镉量子点时，通过加入左旋或右旋的青霉胺分子，使得制备的量子点具有光学活性。在 2007 年，Gallagher 等人利用了类似的方法合成了以青霉胺分子作为配体的手性硒化镉量子点。随后，通过热回流的方法，加入手性分子，手性碲化镉量子点和四足硫化镉棒也被成功制备［图 3.2.3（a)］。上述工作开启了半导体纳米材料配体诱导手性的研究。然而，通过这种水相直接合成的方法制备得到的半导体纳米材料（比如量子点）的量子产率低，并伴有缺陷发光和尺寸分布不均匀的缺点。相反，利用高温热注入的方法在油相体系中合成量子点，然后利用配体交换的方法，将量子点表面的配体替换为手性分子也可以得到手性量子点。这样合成的量子点具有较高的量子产率、窄的发光谱和均匀的尺寸分布。Balaz 等人首次报道了利用后合成配体交换的方法制备了半胱氨酸分子包覆的硒化镉量子点。在量子点的激子吸收跃迁区域，他们观察到了镜面对称的圆二色谱信号。一般来说，带巯基的分子如半胱氨酸、青霉胺是最常用的手性分子。但一些带有多个羧基的无巯基手性分子，如酒石酸、马来酸，也能有效地诱导半导体纳米材料产生光学活性。

目前，对配体诱导的半导体纳米材料光学活性的机理有几种典型的解释。Balaz 等人通过时变密度泛函理论计算了量子点的圆二色谱信号［图 3.2.3（b)］，发现光学活性的信号来源于量子点的价带与手性分子最高未占据轨道之间的杂化。Ben-Moshe 等人提出由于这种轨道杂化的存在，量子点的空穴能级会劈裂成两个分别对左旋和右旋圆偏振光响应的能级。这可以用来解释圆二色谱信号的线形与激子跃迁之间的关系。量子点材料的吸收谱可以认为是不同激子跃迁产生的高斯函数的和。因此，圆二色谱的信号也被认为是许多高斯函数的线性叠加。这个理论可以用来解释量子点尺寸、壳层厚度对圆二色谱信号的影响。基于生色团（又称发色团）理论，Tang 等人利用非简并耦合振子模型分析了利用半胱氨酸包覆的硒化镉量子棒和量子片的圆二色谱信号。根据这个模型，圆二色谱信号的来源是不同发色团电偶跃迁极距之间的耦合，且圆二色谱信号的大小和正负取决于偶极子的性质和排列方式。他们认为包覆手性配体的纳米颗粒可以看成是一个巨大的分子，其中纳米颗粒的化学键可以当作发色团。在这个体系中，发色团是半胱氨酸分子的 C═O 基团、Cd—O 键和 Cd—S 键。半胱氨酸在纳米颗粒表面的构型决定了发色团偶极的位置。偶极之间的相互作用导致了圆二色谱信号的产生［图 3.2.3（c)］。Elliott 等人对水相合成的手性硫化镉量子点进行了理论计算。通过密度泛函理论，他们计算了 9 个青霉胺分子包覆的 19 个镉原子硫化镉团簇。计算表明，青霉胺分子会在量子点表面引起手性畸变（手性壳），而内部的原子不会发生畸变（非手性核）［图 3.2.3（d)］。基于密度泛函理论，量子点表面位于手性畸变层的表面缺陷可能会导致手性信号的出现。但是，不能排除在合成过程中，每个沉积层都可能发生了手性畸变。所以，这可能导致结构手性缺陷。目前关于配体诱导的半导体纳米材料手性来源的理论有很多种，前面介绍了主要的三种，还有一些理论如手性记忆、近场耦合等没有详细介绍。这里需要指出的是这些理论都还不够完善，如 Balaz 等人没有考虑手性畸变对手性信号的影响，只考虑了轨道杂化作用；Elliott 等人只考虑了畸变，没有考虑杂化作用，有可能畸变和杂化都对光学活性的影响很大；Tang 等人将纳米颗粒等效成一个巨大的分子，只考虑了化学键的作用，没有考虑内部镉原子对系统的影响。总的来说，配体诱导的手性起源还处于争论中，需要更多的研究来完善其理论。

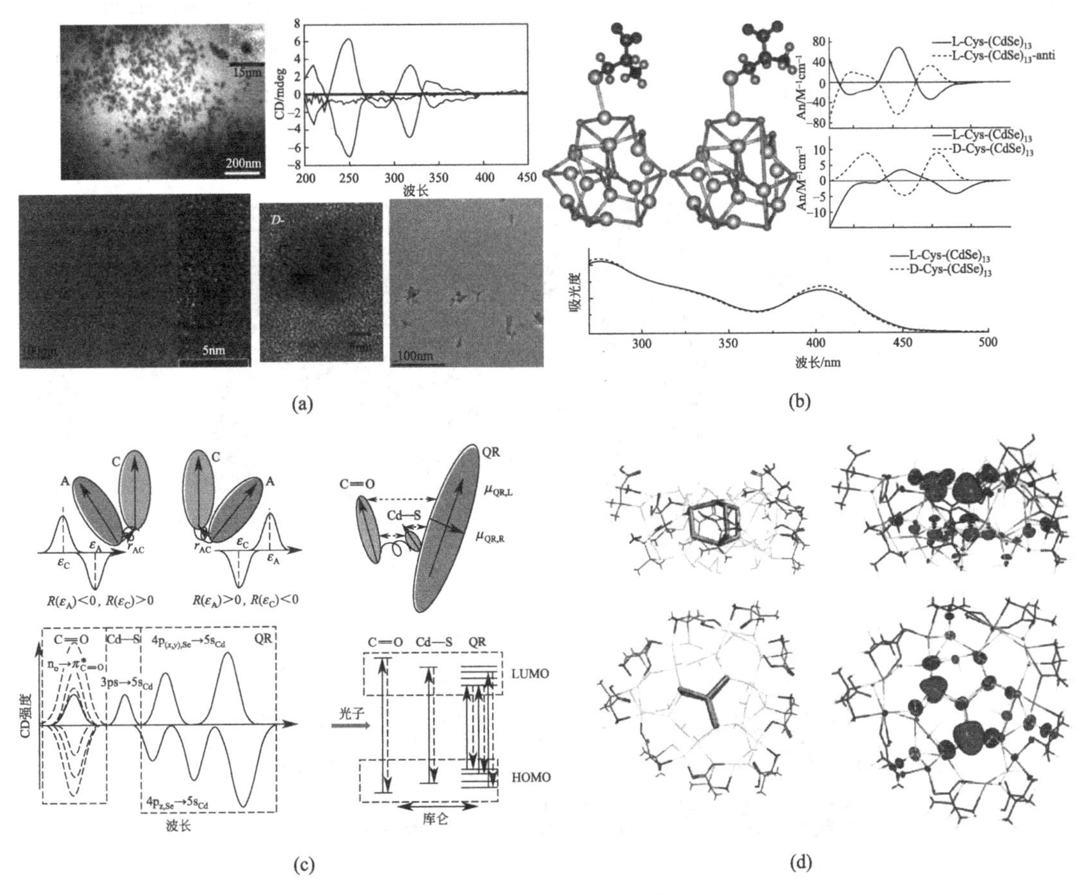

(a) (b) (c) (d)

图 3.2.3　低维手性纳米材料的结构和手性特征

(a) 上半部分：青霉胺包覆的硫化镉量子点电镜照片和圆二色谱图，下半部分：手性硒化镉量子点、手性碲化镉量子点和手性硫化镉四足棒；(b) $Cd_{13}Se_9$ 时变态密度计算模型和计算得到的圆二色谱和吸收谱；(c) CdSe 纳米棒非简谐耦合振子模型；(d) 硫化镉密度泛函模型和电子云图

除了配体诱导的手性半导体纳米材料，具有手性形貌的半导体纳米材料也被广泛地研究。Stupp 等人首次利用超分子作为模板实现了硫化镉在纳米尺度上的螺旋生长。由于超分子纳米带本身是螺旋的，硫化镉在超分子表面生长，最后得到的硫化镉纳米带也是螺旋

的［图 3.2.4（a)］。他们制备的硫化镉纳米带的节距为 40～60nm，同时，节距可以通过调节有机分子的分子量进行调节。同样地，Che 等人报道了基于有机物和二氧化钛前驱体溶液之间的配位键相互作用，利用氨基酸衍生的两亲纤维螺旋结构来合成螺旋二氧化钛纤维。煅烧后，将制备好的节距约为 100nm 的无定形二氧化钛双螺旋纤维，转变为具有外延螺旋的锐钛矿纳米晶体堆叠的双螺旋晶体纤维［图 3.2.4（b)］。非晶态和锐钛矿型结晶螺旋二氧化钛纤维均在可见光区具有良好的圆二色谱信号响应。除了利用超分子模板，手性分子也能被用于手性形貌纳米颗粒的合成。Ben-Moshe 等人利用手性半胱氨酸、青霉胺等分子制备了硒和碲的纳米结构［图 3.2.4（c）和图 3.2.4（d)］，且都在可见光区域具有光学活性。所制备得到的硒和碲纳米结构都具有手性形貌。需要指出的是，在这个体系中，这两种半导体纳米材料的手性来源有两个：一个是硒和碲的手性晶体结构；另一个是整个纳米结构的手性形貌。类似地，Ouyang 等人也制备了亚微米尺度的具有手性形貌的硫化汞晶体，且同时具有手性晶体结构。因此，具有手性形貌的半导体纳米材料的晶体结构既可以是手性的，也可以是非手性的。

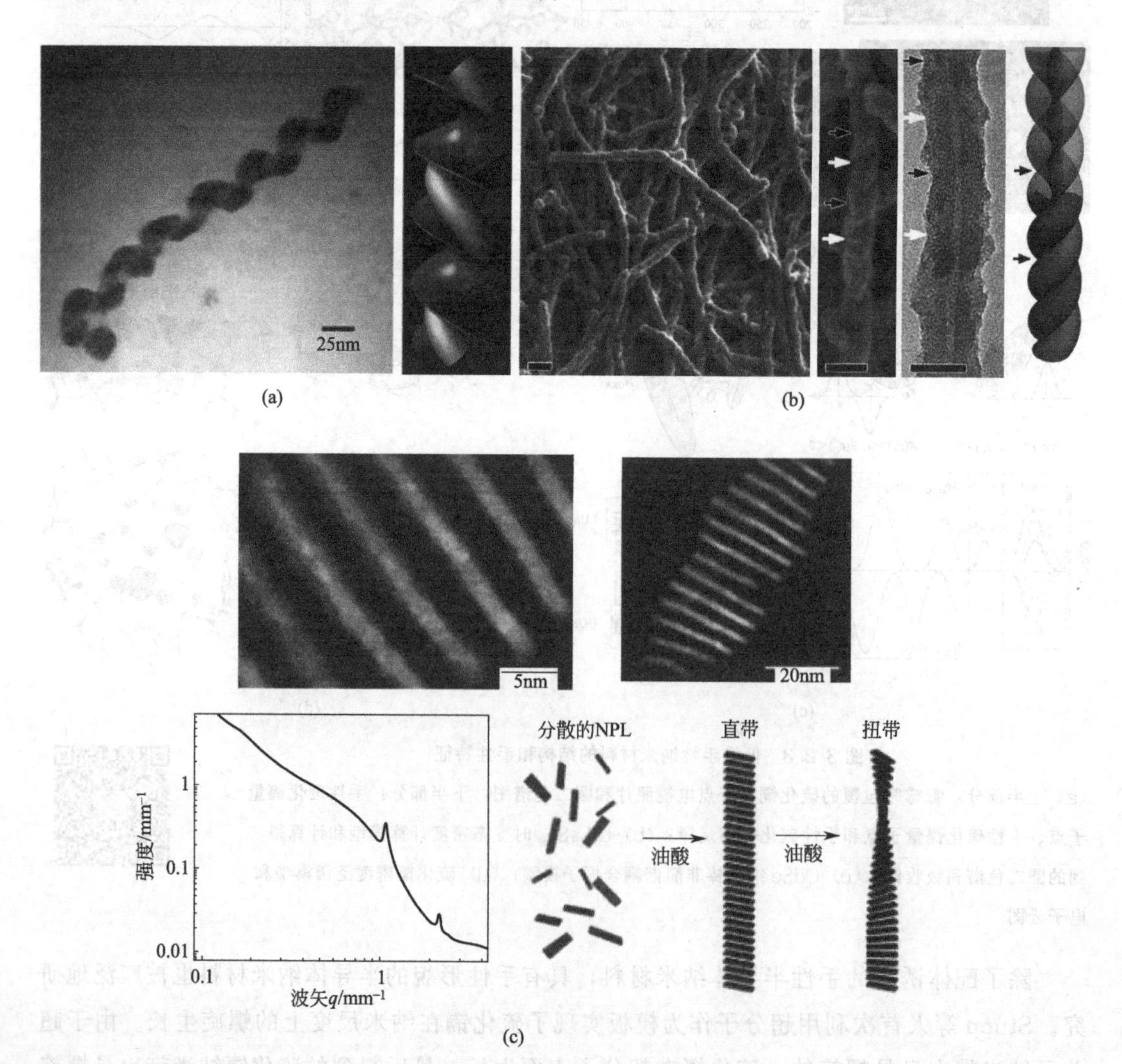

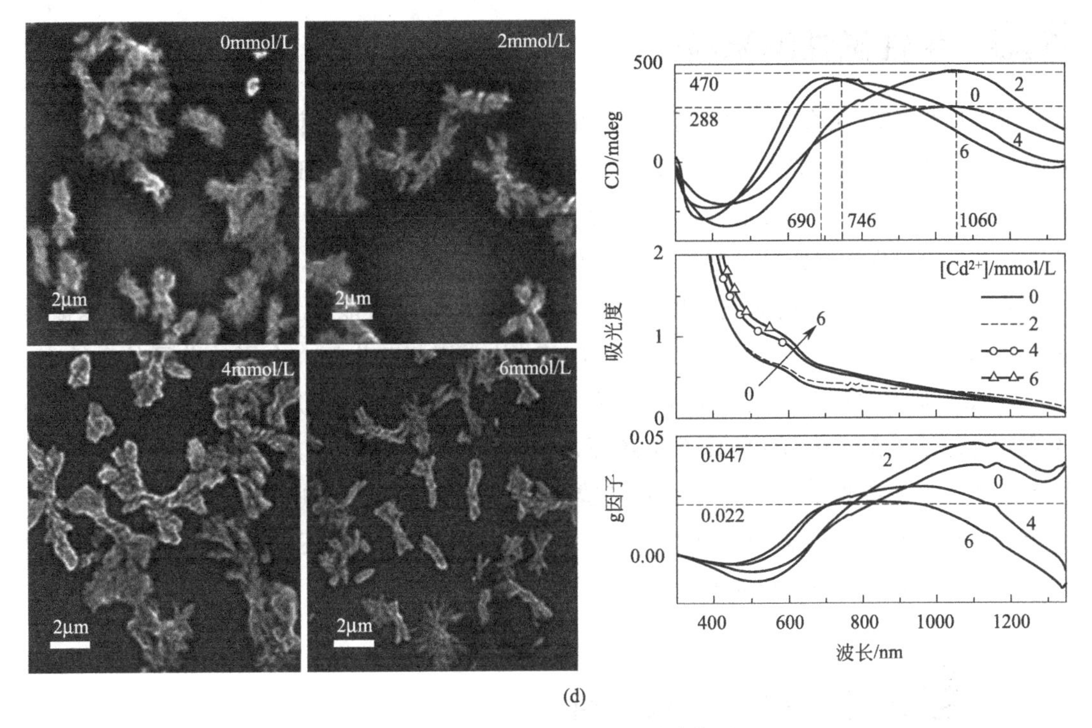

图 3.2.4 硫化镉纳米带电镜图片和示意图（a）；二氧化钛纳米纤维电镜图；（b）硒化镉纳米片电镜图片和自组装示意图（c）；手性碲化镉量子点自组装电镜照片和圆二色谱信号（d）

与等离激元纳米颗粒类似，半导体纳米材料也可以通过自组装的方法将纳米颗粒组装成手性结构。通过 DNA 折纸技术，Kuang 等人将金、银和半导体纳米颗粒自组装成了金字塔结构，在可见光区域得到了非常强的光学活性信号。纳米纤维素也是一种可用作半导体纳米颗粒自组装的模板，当纳米纤维素在溶液中达到一定的浓度之后，通过对溶液干燥，纳米纤维素能够自组装成手性丝状相液晶。Xu 等人利用纳米纤维素这一特性，创造性地将碳点混入纳米纤维素溶液中，成功制备得到了碳点-纳米纤维素薄膜，而且获得了巨大的手性信号，且薄膜的手性能通过改变碳点尺寸等变量来进行调节。除了光学活性之外，他们还发现所制备的薄膜具有圆偏振荧光的特性。实现了半导体纳米材料的手性构型可以不使用超分子、多肽或 DNA 作为模板。Abécassis 等人制备了螺旋状的硒化镉纳米片。在干燥硒化镉纳米片溶液中，加入过量的油酸，可以制备得到丝带状的纳米片，然后继续加入油酸，可以使得纳米片发生扭曲，最后得到螺旋状的纳米片丝带，长度可达几微米，间距为 400nm。他们还证明手性来自配体引起的表面应变，因为在稀溶液中单个的纳米片随着配体覆盖的增加而经历了从平坦到扭曲的转变。当纳米片紧密堆积在丝带中时，单个纳米片的扭曲会传播到整个结构。手性半导体纳米颗粒的构建还可以用手性纳米颗粒作为基石。Kotov 等人利用半胱氨酸分子为配体的碲化镉纳米颗粒作为基本单元，制备了手性碲化镉螺旋线，螺旋线的间距可以从 390nm 调节到 940nm，所对应的光学活性信号可以在 800～1200nm 的范围内进行控调。

3.3 手性磁性纳米粒子

手性磁性 NPs 结合了手性分子的高对映选择性和磁性 NPs 便利的可分离性，在直接对映分离中表现出巨大潜力。通过采用各种手性分子［纤维素、R(+)-α-甲基苄胺、大环抗生素、β-环糊精、蛋白质及其衍生物］对磁性纳米粒子（如 Fe_3O_4 或二氧化硅包覆的 Fe_3O_4 NPs）进行修饰可以制备手性磁性纳米粒子。

关于手性磁性 NPs 的研究虽然不多，但是它们的磁性可能会为 NPs 的手性起源提供新的解释，并且可用于均相催化。磁场与 NPs 的磁矩相互作用，会影响分子的手性态。例如，Mori 等通过配体交换反应制备了手性磁性 FePdNPs，该反应从羰基铁［$Fe(CO)_5$］的铁分解开始，在油酸和油胺体系中还原乙酰丙酮钯［$Pd(acac)_2$］，最终形成富 Fe_xO_y 核和富钯壳。用手性 2，20-双（二苯基膦基）-1，10-联萘（BINAP）修饰制备的 NPs，显示出具有典型 Cotton 效应的光学活性。手性磁性 NPs 的研究还是一个有待深入研究的领域，其诱人的现象还有待人们发现。

3.4 手性等离激元纳米材料

3.4.1 等离激元纳米结构

自然界和生物系统中的手性对于与它们相互作用的各种活性化合物都具有重大影响。构成分子、蛋白质和多糖的氨基酸和糖等存在于手性结构中。为解决自然界中手性分子光学活性较弱的问题，科学家们致力于设计并合成无机手性纳米材料，通过放大其光学活性来扩展其实际应用。另外，手性等离激元纳米结构提供了动态的手性响应，这在分子系统中很难实现。因此，手性等离激元结构的应用领域将有望从对映选择性分析拓展到手性感测、结构确定、多种疾病生物标记物的原位超灵敏检测扩展跨膜转运和细胞内代谢的光学监测等。等离激元纳米粒子可以定义为尺寸在 1～100nm 之间的颗粒，其可以支持局部表面等离激元共振（limited surface plasmon resonance，LSPR)，即与特定波长的入射光共振集体电子振荡，从而在纳米粒子表面附近产生大的电磁场。等离激元共振效应可大大增强纳米粒子的辐射特性，例如散射和吸收，甚至可能导致高能热电子的产生，从而影响化学反应。

3.4.2 等离激元纳米结构的光学活性

由于在光学、电学、生物和催化领域的潜在应用价值，等离激元 NPs 引起了科学家们特别的关注。等离激元 NPs 及其组装体的表面等离子体共振特性使得人们能够在前所未有的动态范围内对这些效应进行精确调控。此外，由于表面增强的拉曼散射（SERS）和颜色变化而表现出的等离激元纳米结构的独特高极化率和相关的光学效应，使等离激元

NPs在生物传感中的应用成为可能。尽管存在多种等离激元金属，但只有少数几种能在电磁波谱的可见光范围内支持等离激元共振，其中贵金属Ag和Au最为常见。鉴于银纳米粒子容易氧化，金是使用最广泛的等离激元材料。AuNPs除具有等离激元性质和高化学稳定性外，还具有其他优势，例如，在金表面可利用金与硫醇之间的高亲和力轻松进行功能化。表面官能化可以使NPs具有很高的胶体稳定性，同时调节其理化性质。等离激元NPs的显著特性是在其表面产生高电磁场，可用于大大增强吸附分子或相邻分子的光谱响应。其中，最突出的例子是表面增强拉曼散射，增强因子甚至可以达到10^{10}～10^{11}。自1973年被发现以来，SERS彻底改变了生物传感器的研究领域，通过这种技术可以证明单分子检测。在SERS应用中，重要的是要最大化强电磁场集中存在的区域，该区域称为热点。热点可能主要来自以下两个方面：纳米颗粒中尖锐的尖端和边缘，或纳米粒子的等离激元近场共振耦合产生的杂化等离激元模式，在这种情况下，NPs之间的间隙会产生热点。重要的是，杂化等离子体模式的形成通常还会引起原始NPs的LSPR峰值波长发生红移，这对进行基于NPs聚集的比色测定研究很有意义。等离激元NPs的一个重要特征是可以通过控制其大小和形态来轻松调节其光学活性。光学活性代表了手性分子和纳米结构在物理现象领域的中心二级属性。大多数单个纳米粒子的光学活性与两种典型的纳米级量子力学现象有关：金属NPs中的等离激元和半导体NPs中的激子。这些电子态表示NPs上的载流子离域，因此主要取决于NPs核的晶格。此外，金属到配体的电荷转移跃迁可以在金属核和稳定剂的界面处被激发。所有这些激发态都会受到NPs尺寸、形状、表面配体和周围介电环境的影响。一旦纳米结构的形状是手性的，则等离子和激子性质也将变为手性，且依赖于无机核的对称性和包含NPs核激发态的整体电子结构的任何其他光电性质也都将变为手性。

3.4.3 等离激元纳米结构与手性分子的相互作用

近几年的研究不但实现了将分子手性概念直接转移到等离激元领域，也实现了这两种领域手性的结合。等离激元结构可以表现出较大的手性响应，比手性分子的手性响应强几个数量级。这些实验激发了科学界关于等离激元结构与手性分子相互作用的进一步研究，有希望增强并在宽光谱范围调控光学手性，从而使得对一些手性分子的检测成为可能。天然手性分子的CD信号非常弱，通常出现在紫外光谱范围内（150～300nm）。研究者们致力于增强手性分子的手性信号，并将手性响应扩展到可见光和近红外区域。金属纳米粒子在光照下产生的局部近场能调节粒子与紧邻手性分子的相互作用。在这种情况下，新的CD信号将被诱导并出现在金属纳米粒子的等离子体共振位置附近，这被称为等离激元诱导手性。

从理论上讲，包含手性分子和金属纳米粒子混合系统的CD响应，是分子和金属纳米粒子内部对左旋圆偏振光和右旋圆偏振光的差分信号之和。随着分子与金属表面之间距离的增加，等离激元近场增强效应降低，与分子CD响应相比，等离激元诱导CD响应的强度更强，并且红移到更长的波长处。需要注意的是，分子的电偶极子取向会影响各向异性系统中等离激元诱导 CD 响应，强度下降大约 1/4。

3.4.4 手性等离激元纳米材料的研究进展

在非手性金属纳米粒子的表面上连接手性配体，是在可见光谱范围内通过化学方法获得光学手性的有效途径。由于金属纳米粒子具有明显的等离子体共振效应，不同形态的金属颗粒，包括纳米棒（nanorods，NRs）和纳米立方体，已经被广泛用于与手性配体复合来获得强 CD 信号。半胱氨酸、肽和 DNA 等手性分子可以通过共价或非共价相互作用与金属颗粒表面结合。配合物的手性响应可以通过合理控制颗粒表面的手性配体来进行精确调控。例如，Gregorio 等报道了用谷胱甘肽封端的银纳米立方体，在将 pH 值从 5 稍降低到 4.5 时，CD 发生剧烈变化。这是因为在较低的 pH 值下会发生催化形成二谷胱甘肽，其化学作用而导致 CD 变化。另外，手性配体在颗粒表面上的取向也会对手性有重要影响。Lu 等证明了 DNA 可以对离散的 Au/Ag 核壳纳米立方体进行表面功能化。他们通过改变溶液的离子强度研究了 DNA 在颗粒表面的分子排列效应。当离子强度为 0（去离子水）时，观察到等离子体诱导的 CD 约为 5mdeg。由于 DNA 分子之间的静电排斥力，它们垂直于颗粒表面排列。当盐浓度增加时，随机取向的 DNA 导致观察到的 CD 响应逐渐降低。使用 0.1mol/L 磷酸缓冲液（PBS）增强离子强度时，所得的 CD 值小于 0.5mdeg，几乎无法识别。当手性配体非常靠近颗粒表面时，可以有效增强等离激元诱导的手性。在最近的研究工作中发现，手性配体可以通过多步金属化过程嵌入核-壳结构中。例如，Hou 等通过包覆银优化了半胱氨酸修饰的 AuNRs 的光学活性。在 Au-Ag 界面处捕获的半胱氨酸使配体周围的局部电磁场得到放大，从而使 CD 响应从无明显信号增强到近 60mdeg。Lan 等人提出在 DNA 封端的 AuNRs 上包覆银壳。在这些形态多样的核-壳结构中，通过简单地控制构筑单元的形状各向异性，可以轻松地在宽光谱范围内调控等离激元诱导的手性。Wu 等报道了使用富含胞嘧啶的单链 DNA 作为后续 Ag 壳生长的指导模板，制备了具有可调节 CD 的杂化 Au 核-DNA-Ag 壳纳米颗粒，最大 CD 值可达到 100mdeg 以上。通过仔细调节纳米间隙距离和配体密度，可以调控纳米结构的等离激元诱导手性。

3.5 手性无机纳米材料的应用

手性无机纳米材料在过去的二十年中经历了快速蓬勃的发展。手性的引入给无机纳米材料的发展应用带来了新的维度，主要体现在手性传感与识别、选择性异相合成与催化、生物治疗以及光电器件等领域中。现举例说明：将 Cu_xOS@ZIF-8 的纳米手性结构用于细胞中 H_2S 含量的传感，其基于圆二色谱的检测限可低达 0.3nM 并远低于传统荧光光谱法(2.2nM)；将手性苯丙氨酸包覆的铈纳米颗粒（CeNPs）作为手性无机纳米酶，成功实现了选择性氧化 3，4-二羟基苯丙氨酸异构体的反应。利用非化学计量氧化钼纳米颗粒的可见-近红外选择吸收性，设计了基于手性氧化钼的双通道光热治疗癌细胞体系，提高了癌症光热治疗的效率。

然而总体来说，该领域的发展还处于初级阶段。需要更多的交叉学科支持来实现更多可控的手性合成，更深入的手性光学效应探究，以及更贴切的量子物理机制理解，这样才能更好地实现手性新材料的设计乃至新的潜在应用开发。

参考文献

[1] Schaaff T G，Knight G，Shafigullin M N，et al. Isolation and Selected Properties of a 10.4 kDa Gold：Glutathione Cluster Compoun [J] . J Phys Chem B，1998，102：10643-10646.

[2] Goldsmith M R，George C B，Zuber G，et al. The chiroptical signature of achiral metal clusters induced by dissymmetric adsorbates [J] . Phys Chem Chem Phys，2006，8：63 - 67.

[3] Dryzun C，Avnir D. On the abundance of chiral crystals [J] . Chem Commun，2012，48：5874-5876.

[4] Ben-Moshe A，Govorov A Q，Markovich G. Enantioselective synthesis of intrinsically chiral mercury sulfide nanocrystals [J] . Angew Chem Int Ed，2013，52：1275-1279.

[5] Baimuratov A S，Rukhlenko I D，Gun' ko Y K，et al. Dislocation-induced chirality of semiconductor nanocrystals [J] . Nano Lett，2015，15 (3)：1710-1715.

[6] Mukhina M V，Maslov V G，Baranov A V，et al. Intrinsic chirality of CdSe/ZnS quantum dots and quantum rods [J] . Nano Lett，2015，15 (5)：2844 - 2851.

[7] Li J，Li J，Liu R，et al. Autonomous discovery of optically active chiral inorganic perovskite nanocrystals through an intelligent cloud lab [J] . Nat Commun，2020，11：2046.

第4章

手性有机-无机杂化金属卤化物的研究

4.1 手性有机-无机杂化金属卤化物概述

2003 年，Billing 等人[1,2] 率先报道了将金属卤化物和手性分子结合的手性杂化金属卤化物的合成和晶格结构。近年来，手性材料独特的光电性质和广泛的应用前景引起了人们的关注，直到 2017 年，Ahn 等人[3] 才首次报道了以对映体甲基苄胺（α-methylbenzylamine，MBA）作为手性有机组分的有机-无机杂化金属卤化物 $(R\text{-}/S\text{-}MBA)_2PbI_4$ 的手性光学行为。手性杂化金属卤化物的晶格结构如图 4.1.1 所示，由于 A 位手性分子较大，手性分子夹在角共享 $[PbI_6]^{4-}$ 八面体的无机层之间，形成二维晶格结构。此外，通过改变前驱体中手性铵盐和金属卤化物摩尔比，可以改变晶格结构，如 $MBAI:PbI_2=1:1$ 时，可以得到一维面共享结构。

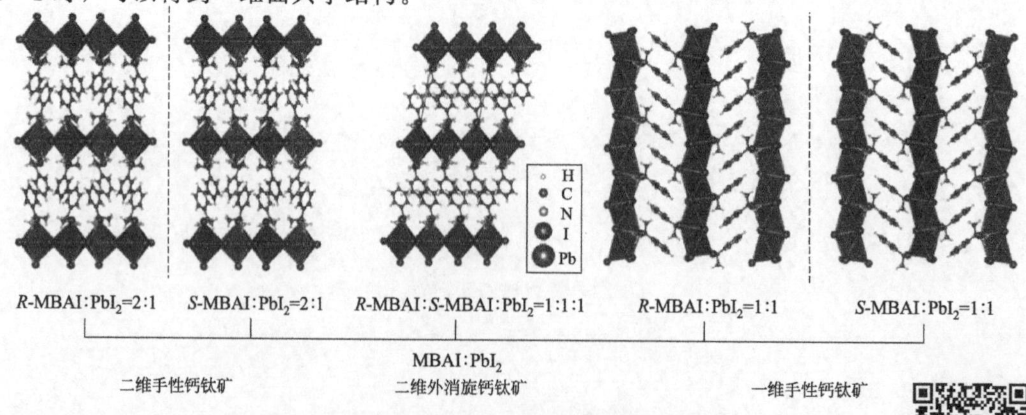

图 4.1.1 基于 MBA 的二维和一维手性晶格结构以及外消旋的二维非手性晶格结构

手性光学性质如CD、圆偏振发光等对于手性材料的实际应用至关重要。而有机-无机杂化金属卤化物中有机位点丰富的种类为手性材料的合成和设计提供了新的平台，引起了研究人员广泛的研究兴趣。Ahn等人[3] 制备了手性有机-无机杂化金属卤化物薄膜并首次研究了其手性光学行为，展示了薄膜的圆二色谱和吸收光谱。(R-/S-MBA)$_2$PbI$_4$的吸收带边位于523nm处，由于手性分子的引入，在相同的波长范围内观察到了镜像的CD信号，而外消旋的（*rac*-MBA)$_2$PbI$_4$没有明显的CD信号。特别地，薄膜的取向和厚度可以通过调节旋涂条件、手性分子物质的量或前驱体浓度来控制，这表明了手性材料CD信号优化的可行性。了解有机-无机杂化金属卤化物材料的CD与晶格结构的关系，对于设计、合成和优化手性材料有着十分重要的意义。

[K（dibenzo-18-crown-6）]$_2$MnX$_4$（X=Cl，Br）单晶在非手性空间群*Cc*中结晶的有机-无机杂化金属卤化物表现出圆偏振发光的行为被首次报道[4]。由于K（dibenzo-18-crown-6）的引入，发光单元四面体[MnX$_4$]$^{2-}$可以排列为左旋和右旋的螺旋结构，这种相反手性的螺旋可以通过滑动面相互转化而与反演对称中心无关，因此，他们认为非中心对称堆积导致了这类非手性结晶材料的圆偏振发光[4]。样品发出的光经过$\lambda/4$波片，在与波片夹角±45°方向上变为线偏光，通过旋转线偏振片找到该线偏光的偏振角度，经过$\lambda/4$波片后的两个线偏光的夹角约为90°，证明了单晶的圆偏振发光[4]。这项工作不仅为实现非手性结晶杂化金属卤化物材料的圆偏振发光开拓了一种新颖的方法，也为理解非手性晶体中光学活性的来源提供了参考。

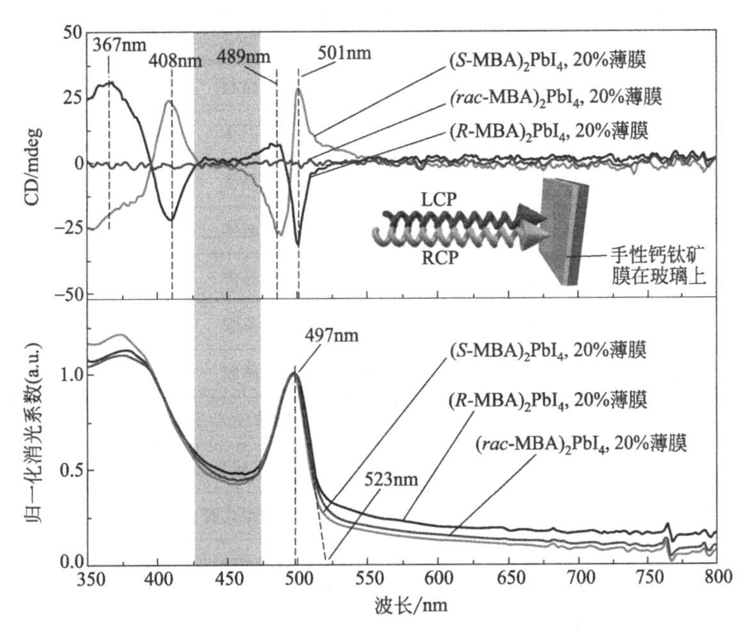

图4.1.2 (S-MBA)$_2$PbI$_4$、(R-MBA)$_2$PbI$_4$和(*rac*-MBA)$_2$PbI$_4$薄膜的透射圆二色谱（上）和归一化吸收光谱（下）

非线性光学性质：通过反溶剂蒸气辅助的结晶策略，并以甲基苯乙胺（β-methylphenethylamine，MPEA）为模板，引入二甲基亚砜（dimethyl sulfoxide，DMSO），可

以得到 (R-/S-MPEA)$_{1.5}$PbBr$_{3.5}$ (DMSO)$_{0.5}$ 手性有机-无机杂化金属卤化物纳米线。这类手性材料的结构与普通二维层状 A_2PbX_4 的结构式略有不同，而且它们在极性和手性空间群 $P1$ 中结晶，具有非中心对称结构，从而具有出色的二次谐波产生 (SHG) 特性。所制备的 (R-/S-MPEA)$_{1.5}$PbBr$_{3.5}$ (DMSO)$_{0.5}$ 纳米线表现出高效的二阶非线性光学性能，当在 850nm 处激发时，手性纳米线的有效二阶非线性系数约为 0.68pm/V，这一值与磷酸二氢钾标准样品相当。此外，SHG-CD 是指右旋和左旋圆偏光激发之间的 SHG 强度差。当用圆偏光激发手性纳米线时，平行和垂直的 SHG-CD 分别约为 61.9%和 74.0%，表明这类手性材料在非线性以及手性光学应用领域前景广阔[5]。

4.2 手性有机-无机杂化金属卤化物的设计方法

当在钙钛矿材料加入手性有机分子时，手性有机分子可使其具有手性。这种手性转移可以通过化学键的形成，甚至通过手性和非手性系统之间的空间相互作用来调制。手性杂化有机-无机钙钛矿 (HOIP) 中的手性传递机制归纳为四个方面 (表 4.2.1)：配体诱导的手性无机结构 (Ⅰ，如手性钙钛矿单晶)；无机结构表面的手性扭曲 (Ⅱ，如手性钙钛矿纳米晶体)；表面配体的手性图案 (Ⅲ)；手性有机分子与无机结构的电子耦合 (Ⅳ，手性场效应)。

表 4.2.1 手性钙钛矿的手性转移机理、维度、形式及应用

化学式	机理	维度	形式	应用
(R-MBA)PbI	Ⅰ	2D	微板	CPL 光源
(R-CMBA)$_2$PbI$_4$	Ⅰ	2D	晶体	铁电
R-3-FP-MnCl	Ⅰ	1D	晶体	铁电
(R-MPEA)PbBr$_{3.5}$(DMSO)	Ⅰ	2D	晶体	NLO,CP-SHG
(R-3APD)PbCl$_4$ · H$_2$O	Ⅰ	1D	晶体	白光源
R-MBAPbI	Ⅱ	1D	薄膜	CPL 光探测
R-LDCP	Ⅱ	准-2D	薄膜	自旋电子学
R-Pero-NCs	Ⅱ	0D	胶体纳米晶	非线性光学,双光子吸收上转换
R-DACH-NCs	Ⅱ	0D	胶体纳米晶	CPL 光探测
Pero-NCs(DGAm)	Ⅱ	0D	手性共胶	CPL 光源
R-MBA-NPs	Ⅳ	0D	胶体纳米片	CPL 光探测

4.2.1 配体诱导

利用手性配体引入手性可直接合成手性钙钛矿。其中，低维的 HOIP 含有较大比例的手性有机配体，应该表现出更高的手性。如准二维钙钛矿的各向异性因子 g_{abs} 随着<

$n>$（手性有机配体间无机层的平均数目）的增加而降低。可引入手性的各种有机配体如图 4.2.1 所示。

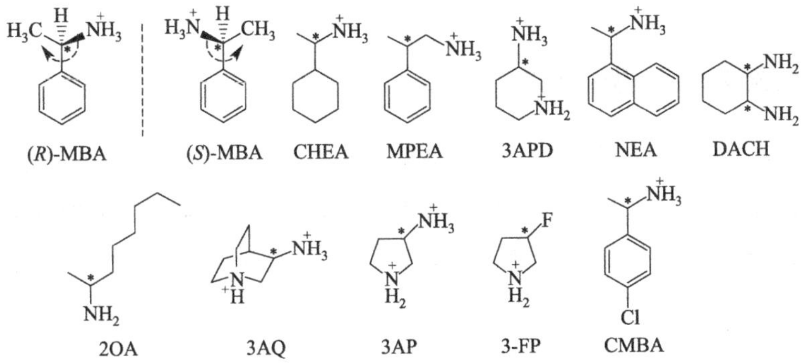

图 4.2.1　可引入手性的各种有机配体

2003 年报道的第一个手性 HOIP 中包括了对映体配体（S）-甲基苄基铵（S-MBA），相应的 2D 手性 HOIP 单晶于 2006 年被报道。从结构上看，R-/S-$MBAPbX_3$（X=Cl，Br，I）表现出 1D 的聚合物面共享结构，而（R-/S-MBA）$_2PbI_4$ 表现出 2D 的角共享层状结构。这些对映体基本具有相同的细胞参数和镜像构型，属于相同的 $P2_12_12_1$ Sohncke 空间群。之后，手性 HOIP 被扩展到新的手性配体 1-环己基乙基铵（CHEA）。

无铅手性聚合物基本上是基于锡、铋、铜、锰、镉和钴的化合物进行开发的，但其手性和手性自旋电子性质尚未研究。

4.2.2　合成后手性配体交换

在合成后的手性配体交换中，原始配体部分或完全与手性配体交换。与直接合成的手性配体影响晶体结构不同，这种情况下的手性是由纳米晶体的手性表面畸变（由盖层配体引起）、表面配体的手性图案或手性场效应引起的。

用少量手性（1R，2R）-1,2-环己二胺（R-DACH）或（1S，2S）-1,2-环己二胺（S-DACH）配体取代油胺配体，得到手性钙钛矿纳米晶（R-DACH 纳米晶和 S-DACH 纳米晶）。这些手性纳米晶体在晶核的第一个激子跃迁带（约 580nm）区域没有出现圆二色性信号。然而，由于它们的手性表面畸变和与 DACH 配体的电子相互作用，在 240～540nm 之间确实表现出圆二色性，钙钛矿纳米晶体的光致发光完全被手性配体猝灭。

4.2.3　无机表面的手性扭曲

一种简单、可扩展、单步、无极性溶剂合成高质量钙钛矿纳米晶的手性配体辅助尖端超声法被开发出来。通过手性分子取代纳米晶体表面的非手性有机覆盖配体，也可以获得手性钙钛矿纳米晶体。例如，*R*-/*S*-α-辛胺被用作手性配体，在这种情况下，钙钛矿纳米晶体的手性源于手性配体引起的表面畸变。

4.2.4 手性配体辅助再沉淀法

在手性配体辅助再沉淀过程中，配体将手性印在量子受限钙钛矿的电子态上。例如，$CH_3NH_3PbBr_3$ 钙钛矿纳米片的手性是通过 *R*-/*S*-MBA 在室温下的手性配体辅助再沉淀获得的。由此产生的圆二色光谱有两个区域：一个来自钙钛矿（400～450nm）的激子跃迁；另一个来自配体和纳米板之间的电荷转移跃迁。

4.3 手性有机-无机杂化金属卤化物的制备实例

4.3.1 制备的物理原理

科顿效应（cotton effect）：当直线偏振光透过旋光性物质时产生偏转的现象。由于旋光性物质能使左旋与右旋圆偏振光的传输速度改变，形成不同折射率，故左旋、右旋偏振光透过旋光性物质后形成偏转角，即发生偏转现象。

科顿效应分正、负两种，可由圆二色性谱带的符号或根据旋光色散曲线的峰位来确定：当圆二色性谱带的符号为正或者正的旋光色散峰在较长波长方向时，称为正的科顿的效应；当圆二色性谱带的符号为负或者正的旋光色散峰在较短波长方向时，称为负的科顿效应。理论上可以证明：当生色团的跃迁电偶极矩与磁偶极矩方向相同（即跃迁时电荷沿右手螺旋途径运动）时，出现正的科顿效应，反之则出现负的科顿效应。

光学活性物质在其最大吸收值附近表现出特征的旋光色散和圆二色性。当由左旋、右旋圆偏振光合成的直线偏振光进入旋光性物质（如芳香族化合物）时，由于旋光性物质能使左旋与右旋圆偏振光的传输速度改变，形成不同折射率，故此左旋、右旋偏振光透过厚度为 d 的旋光性物质后形成偏转角 α。

4.3.2 制备方法

以手性分子 *R*-/*S*-MBA 作为有机组分，通过旋涂法制备手性有机-无机杂化铜基卤化物薄膜，对其手性光学性质以及非线性光学行为即 SHG 特性展开研究，最后对手性薄膜的有效二阶非线性系数进行计算确定。

（1）制备仪器与原料

仪器：旋涂仪、超声清洗机、石英基片、等离子体清洗器。

试剂：R-(+)-甲基苄胺 $C_8H_{11}N$（R-MBA），纯度 99%；S-(−)-甲基苄胺 $C_8H_{11}N$（S-MBA）纯度 99%；氯化铜，纯度 99.99%；溴化铜，纯度 99.95%；氢溴酸（HBr），纯度 48%（质量分数）；N,N-二甲基甲酰胺（C_3H_7NO，DMF）99.9%；盐酸，纯度 36%～38%（质量分数）；乙醇，AR。

（2）制备步骤

① 手性卤化铵盐的合成

将 18mmol R-/S-MBA 加到 10mL 无水乙醇中，并在冰水浴中不断搅拌下将 19.5mmol 氢溴酸或盐酸水溶液加到该溶液中；继续搅拌 30min 后，于 120℃利用旋转蒸发仪对溶液进行旋转蒸发，最终得到手性卤化铵盐。

② 手性薄膜的制备

依次用丙酮、去离子水和乙醇在超声清洗机中分别洗涤透紫外石英基片[(1.5×1.5) cm^2]10min，然后将基片在等离子体清洗器中用氧等离子体处理以提高其润湿性。

将预先设计好摩尔比的氯化铜和溴化铜以及合成的手性卤化铵盐溶解在 0.5mL DMF 中；以特定浓度[20%（质量分数）]作为前驱体溶液，其中表 4.3.1 中给出了用于合成手性薄膜的前驱体溶液中卤化铵盐和卤化铜的用量；通过旋涂法取 50μL 前驱体溶液，以 2000r/min [加速度 1000r/(min·s)] 转速旋涂 30s 以制备手性薄膜，在热板上 65℃退火 10min 以诱导薄膜结晶。

表 4.3.1 用于制备手性薄膜的前驱体溶液中卤化铵盐和卤化铜的用量

样品名称	氯化铵盐（$C_8H_{12}NCl$）/mg	溴化铵盐（$C_8H_{12}NBr$）/mg	氯化铜（$CuCl_2$）/mg	溴化铜（$CuBr_2$）/mg
$R1/S1$[$(R/S\text{-MBA})_2CuCl_4$]	82.72	—	35.28	—
$R2/S2$	63.66	20.4	33.94	—
$R3/S3$	46	39.31	32.69	—
$R4/S4$	29.58	56.88	31.54	—
$R5/S5$	14.29	73.25	30.46	—
$R6/S6$	69.07	—	—	48.93
$R7/S7$	—	76	—	42

（3）手性（圆二色谱）的测量结果

见图 4.3.1。

（4）有待改进之处

在钙钛矿中引入手性的方法有多种，它们各有优缺点。由于其周期性，手性钙钛矿单晶表现出比多晶和薄膜更强的手性。因此，提高薄膜质量将有助于未来的研究。螺旋手性钙钛矿可以从非手性配体中得到，然而却很难预测和设计。对称性分析表明，已报道的手性钙钛矿单晶只有双旋转或双螺旋。采用高阶对称运算的结构有望具有更强的手性。手性钙钛矿纳米晶体提供了胶体状态的溶液稳定性。尽管有不同的合成方法，但所合成的钙钛矿纳米晶体的手性普遍较低，引入手性矩阵可能是克服这一问题的有效策略。原则上，如

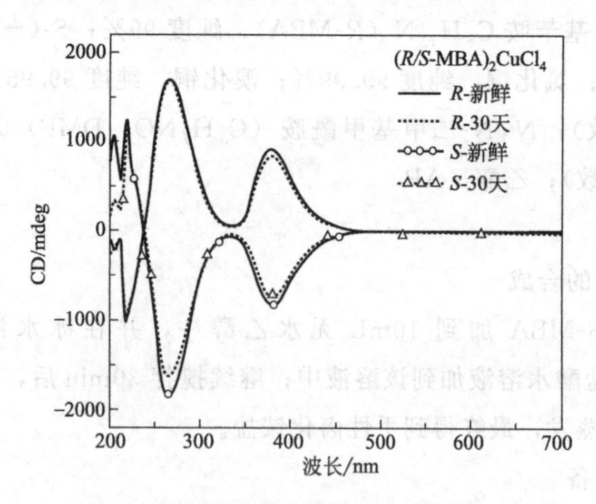

图 4.3.1 制备的新鲜样品以及在环境条件下保存一个月后 (R-/S-MBA)$_2$CuCl$_4$ 薄膜的 CD 光谱

果钙钛矿纳米晶体的吸收和发射与手性基体的圆极化吸收（或透射）重叠，则可以预期其圆极化吸收和发射更强。

参考文献

[1] Billing D G，Lemmerer A. Bis[(S)-[Beta]-Phenethylammonium] Tribromoplumbate(II)[J]. Acta Crystallographica Section E，2003，59 (6)：m381-m383.

[2] Billing D G，Lemmerer A. Synthesis and Crystal Structures of Inorganic-Organic Hybrids Incorporating an Aromatic Amine with a Chiral Functional Group [J]. Cryst Eng Comm，2006，8 (9)：686-695.

[3] Gawronski J，Skowronek P. CHAPTER 13 - Electronic circular dichroism for chiral analysis [M]. Amsterdam：Elsevier，2006：397-459.

[4] Zhao J，Zhang T，Dong X Y，et al. Circularly Polarized Luminescence from Achiral Single Crystals of Hybrid Manganese Halides [J]. J Am Chem Soc，2019，141 (40)，15755-15760.

[5] Yuan C，Li X，Semin S，et al. Chiral Lead Halide Perovskite Nanowires for Second-Order Nonlinear Optics [J]. Nano Letters，2018，18 (9)：5411-5417.

第5章

二维材料

5.1 二维材料的概念

二维（2D）材料是指原子在二维平面排列的晶体材料，其中的电子可在两个维度的纳米尺度范围内自由运动。2D材料具有独特的层状结构，可以被分离至单原子层的厚度，也可以在垂直或水平方向通过范德华力堆叠形成两种成分不同的异质结构，载流子的迁移和热量的扩散都被限制在二维平面内。由此，2D材料展现了许多与同成分块体材料完全不同的性质[1]。光学调制方面，2D材料由于其较复杂的电子结构，可以在极宽的光谱范围内表现出显著的光学响应，从紫外到太赫兹，甚至微波频谱区域。尽管2D材料非常薄，但它能与光发生强烈的相互作用[2]。由于2D材料的大比表面积，其也被用于表面活性应用，如催化和传感[3]；由于其带隙可调控的特性，在场效应晶体管（field effect transistor，FET）、光电器件等领域也有广泛应用。不同2D材料的结构特殊性，导致了拉曼光谱、光吸收谱、二阶谐波谱光学特性的各向异性，和电导率、光致发光光谱和热导率等电学特性的各向异性，在仿生学、偏振光电器件、热电器件和光电探测器件等方面具有巨大的应用潜力。此外，2D材料的原子厚度和高各向异性赋予其优异的机械柔性和光学透明性，这为发展基于2D材料的柔性（光）电子器件和可穿戴器件提供了巨大的机遇。

早在1959年，费曼做了一个著名的演讲，提出了层状材料的概念，演讲的题目是“底部有足够的空间”，这为纳米技术奠定了概念基础，开启了层状材料的研究。随着2004年曼彻斯特大学Geim小组从石墨中剥离出石墨烯后，2D材料迅速吸引了人们的注意力。由于石墨烯是一种单原子层厚度的结晶碳膜，具有许多前所未有的奇特性质，如在室温下表现出的超高载流子迁移率、量子霍尔效应、优异的导热性和高的杨氏模量。石墨烯独特的物理、电学和光学特性等激发了人们对类似的二维层状结构的探索。十几年间，六方氮化硼（h-BN）、过渡金属二硫化物（TMDs）、石墨相氮化碳（g-C_3N_4）、层状金属氧化物、层状双氢氧化物（LDHs)、黑磷（BP）等传统的2D材料［图5.1.1(a)]，和硅烯、硒烯、磷烯、碲烯等一系列新型的二维单元素烯材料［图5.1.1(b)］被相继发现并应用于相关领域，极大地丰富了2D材料家族。其中研究较广泛、较成功的有黑磷、二硫化钼等传统2D材料。黑磷具备高的迁移率和优异的光电子特性，但是其在空气中表现出较差的稳定性，在空气中剥离黑磷的同时极易被氧化；而二硫化钼在电学和光学等方面的优秀性能使其得到了更广泛的研究，在光电器件、微纳电子器件、柔性器件等领域显示了巨大的应用潜力。

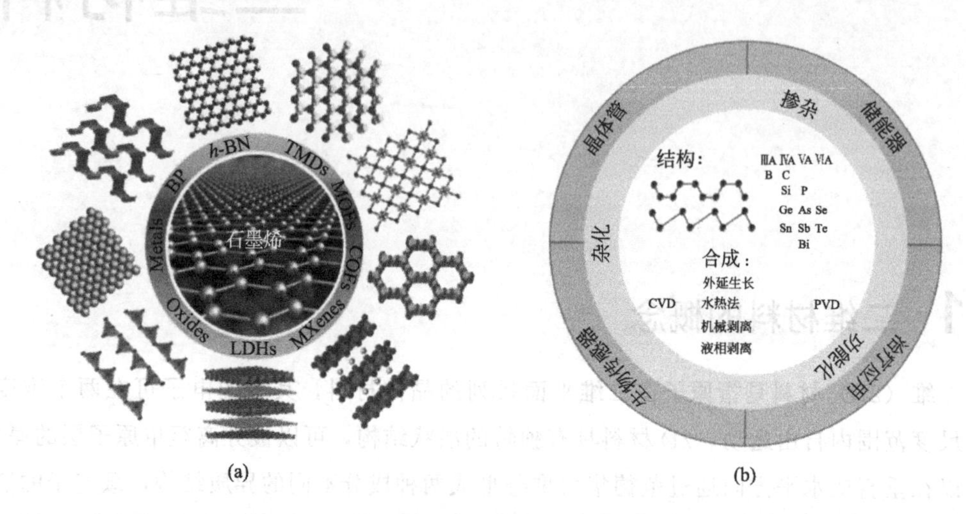

图5.1.1 不同种类的典型传统2D材料的示意图(a)；新型二维单元素材料示意图(b)
h-BN—六方氮化硼；TMDs—过渡金属二硫化物；MOFs—金属-有机骨架材料
(Metal-Organic Frameworks)；COFs—有机共价材料（Covalent Organic Frameworks）；
Mxenes—迈克烯（碳化物、氮化物或碳氮化物构成的无机金属化合物）；
LDHs—层状双氢氧化物；Oxides—层状金属氧化物；Metals—金属二维材料；BP—黑磷

在类石墨烯的2D材料中，与之非常接近的一类材料是新型的二维单元素烯材料（2D烯材料），主要是由第Ⅲ、第Ⅳ、第Ⅴ和第Ⅵ族元素组成，包括硼烯、硅烯、锗烯、锡烯、磷烯（黑磷，BP)、砷烯、锑烯、铋烯、硒烯和碲烯等，且越来越受到人们关注。其中，磷烯、硼烯和锑烯研究较广泛，它们在纳米技术应用以及电子、能源、医疗保健和环境保护方面表现出多种多样的特性和优异的性能。继磷烯、硼烯和锑烯之后，其他2D烯材料也展示出不同于传统2D材料的各种性能。理论和实验研究发现，不同2D烯材料的电子能带结构特性不同，从Ⅲ族金属性到Ⅳ族半金属性，再到Ⅴ族和Ⅵ族半导体特性。例如，Ⅲ族中的2D硼烯具有金属性质，并进一步预测其具有较高的高温超导电性。在Ⅳ族中，所有的2D烯材料都表现出与石墨烯相同的狄拉克（Dirac）费米子半金属行为，并且理论预测了其带隙结构在各种外界作用（如应变、电场和衬底相互作用）下的可调谐性。对于Ⅴ族和Ⅵ族中的其他2D烯材料，理论预测或者实验证明，单层烯材料的能带宽度范围为0.7～2.5eV。其中，砷烯和锑烯是间接带隙能带结构，且在应变作用下可以转化为直接带隙能带结构。

研究发现大多数2D烯材料具有弯曲蜂窝状（buckled honeycomb structure）的晶体结构。这种原子排列的弯曲特性（buckling）可以作为一个额外的自由度来调节烯材料性质，例如打开具有半金属行为的Ⅳ族烯材料的带隙。与石墨烯的 sp^2 杂化平面蜂窝状结构不同，理论预测表明具有 sp^2-sp^3 混合杂化的Ⅳ族烯材料具有较强的自旋-轨道耦合（SOC）效应，导致其能带结构在狄拉克锥（Dirac cone）处打开一个小的带隙。并且，较重的元素具有更强的SOC效应，即硅烯＜锗烯＜锡烯。因此，锡烯由于具有较强的SOC效应，而受到了广泛的关注，并被预测具有约100 meV的自旋-轨道间隙，这使得锡烯很有可能成为一种有潜力的室温拓扑绝缘体，从而实现量子自旋霍尔效应（QSH）。除了SOC效应外，2D烯材料与衬底较强的耦合作用也会影响自旋-轨道间隙。总的来说，2D烯材料丰富的材料特性可以作为基础物理研究和应用的平台，包括具有无耗散或自旋极化传导通道的高速电子学、自旋电子学、光子和量子计算、光热、能量存储和传感器纳米系统等。由金属离子和有机桥联配体组成的二维金属有机骨架（MOF）纳米片在催化、超级电容器、气体存储、生物传感、生物成像、肿瘤治疗等领域具有广阔的应用前景。而新型的二维单元素烯材料中，2D碲烯材料则由于其高迁移率、P型导电性和空气稳定性，以及易制备的特性成了新的“宠儿”。

5.2 二维材料的制备方法

制备二维纳米材料的方法包括外延生长、机械剥离法、液相剥离法、化学气相沉积法和湿化学法、水热法。通常，这些方法可以分为两类：自上而下法和自下而上法。

5.2.1 外延生长

外延生长技术尽管比溶液法制备技术成本高，但是具有可大规模生产和便于集成的潜力。外延方法一般主要包括三种途径：①直接沉积，是指在一定温度和超高真空条件下，蒸发的物质在特定衬底上的冷凝和自组织。大多数2D烯材料在金属衬底上的外延生长都属于这种方法。②外延析出，这种情况通常选择包含烯材料元素的化合物作为衬底，烯元素原子通过缓冲层从衬底上热扩散至缓冲层之上，并在缓冲层上沉积为二维薄膜。③插层外延，是指蒸发的原子插入基质晶体中，通过另一个中介2D层如石墨烯，或通过形成Zintl相晶体膜而形成二维烯材料层。影响外延生长的因素也有许多，如不同材料的固有特性，其晶体结构、相结构和稳定性等。外延生长的2D烯材料，由于衬底材料的表面能和原子排列情况，一般具有弯曲蜂窝状晶体结构。因此，衬底材料的选取，在材料的外延生长中起至关重要的作用，它决定了外延层的电子结构、相结构和稳定性。衬底与外延原子层之间较强的相互作用限制了原子的表面聚集，而较弱的相互作用可能导致三维结构的生长。外延生长时的生长参数，如生长温度和原子覆盖率等需要精确控制，这是由于衬底温度对外延烯材料层的生长演化、重构和相结构等有显著影响。2019年，Huang等人在石墨烯/6H-SiC(0001) 衬底的表面上，采用分子束外延方法获得了单层和少层的二维碲薄膜。通过比较碲在不同衬底上的生长情况得知，二维碲的外延生长可能受到应变诱导的石墨烯褶皱的极大影响。

5.2.2 水热法生长

以碲纳米片为例，可以利用水热法有效地控制碲纳米片的大小和厚度。将温度调整在160～200℃之间，用氨水来提供碱性环境，在以水合肼（$N_2H_4 \cdot H_2O$）和聚乙烯吡咯烷酮（PVP）作为表面阻断配体的溶液中还原亚碲酸钠（Na_2TeO_3），可获得二维碲纳米片。

在生长过程中，会发生从一维纳米棒到二维纳米片的形态转变。一般来说，大分子量的长链 PVP 有明显的疏水烷基，产生的排斥力更强。在初始成核过程中，2D 碲核小于 PVP 的链长度，导致碲（10$\bar{1}$0）表面部分钝化，并形成较大尺寸且较厚的 2D 碲烯纳米片和纳米棒。短链 PVP（小分子量）含有更多的亲水组分（吡咯烷部分）和更少的烷基，可以充分钝化碲核表面，导致产生大量的薄碲纳米线。中等分子量的 PVP，可实现热力学和动力学之间的平衡，从而形成 2D 碲烯纳米片。在实验中，PVP 的浓度（即 PVP 与亚碲酸钠的质量比）是获得厚度和尺寸可控的 2D 碲烯材料的关键因素。通过此方法可获得厚度为单层或者几十纳米的碲纳米片，横向尺寸最大可达到约 100μm。

5.2.3 液相剥离法

液相剥离的方法操作简单，且容易进行大规模生产。主要包括三个步骤：a. 将结晶粉末分散到特定溶剂中；b. 通过超声处理（插入式/探头超声和水浴超声）超声波会产生气泡，并塌陷成高能射流，从而将层状微晶剥离成超薄纳米片；c. 将剥离后的溶液进行离心分离。研究表明，如果二维层状材料的表面能和溶剂的表面能相似，剥离态和再聚集态之间的能量差会非常小，从而会消除再聚集的驱动力，形成分散的 2D 材料纳米薄片。通常，整个剥离过程的参数如溶剂、超声时间和离心速度是高效、高产率和可大规模剥离的关键因素。石墨烯、过渡金属二硫化物、黑磷等传统 2D 材料和新型的锑烯、铋烯等材料，通过在合适溶剂中超声剥离都能获得高浓度、高产量、厚度薄和稳定性好的纳米片。2018 年，有报道通过液相剥离方法制备了尺寸较大的少层碲纳米片，其制备过程如图 5.2.1 所示[4]。主要步骤为：①将 200mg 碲粉末加入 15mL *N*-甲基吡咯烷酮（NMP）中，并进一步搅拌 40min；②搅拌好的混合溶液中再加入 15mL NMP；③在氮气环境中，用 200W 功率的探头超声处理，超声时间为 8h；④超声处理后，再用 NMP 稀释溶液，保持其浓度为 0.1mg/mL；⑤将上述溶液在 400W 功率下水浴超声 48h，此过程中需保持冷水温度为 5 ℃。通过此实验方法，最后得到了厚度约为 11.9nm 和 16.8nm 的二维碲纳米片，分别对应了约为 29 层和 41 层厚度的碲纳米片。

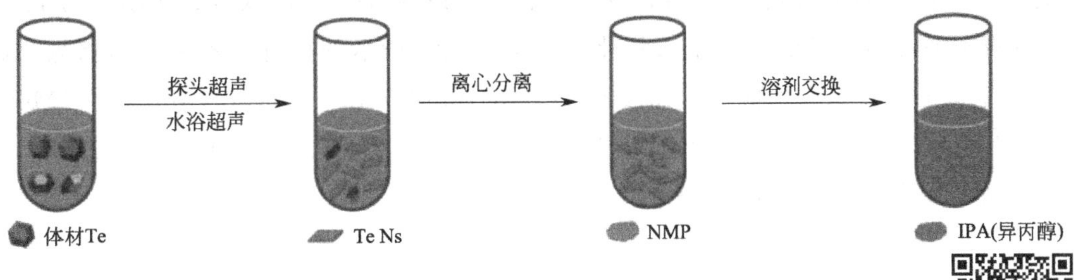

图 5.2.1　液相剥离法制备二维碲纳米片的示意图[4]

5.2.4　化学气相沉积法

化学气相沉积法主要是在衬底表面利用薄膜元素的一种或多种气相化合物或单质进行化学反应生成薄膜。2019 年，Zhang 等人在管式炉中常压下合成了高质量的二维碲烯纳米薄片。其主要反应原理如图 5.2.2 所示，TeO_2 用作前驱体，H_2 作为还原气氛。随着反应的缓慢进行，两个中间过渡态逐渐形成，一个过渡态为 TeO_2+H_2，该过渡态是由 TeO_2 中的 O 2p 和 H_2 中的 H 1s 杂交诱导的；另一个过渡态为 $Te+H_2O$。这两个过渡态对碲薄膜的形成都至关重要，而 H_2 的存在促进了中间过渡态 TeO_2+H_2 的形成。在另一个过渡态 $Te+H_2O$ 的中间产物中，H_2O 的形成对于由碲原子组成的结构框架和最终二维层状碲烯薄膜的形成都是有利的。其反应的主要过程为：将作为前驱体的 TeO_2 置于位于中心区域的氧化铝坩埚中，并将几片云母置于下游作为衬底，然后将管内抽为真空，并通 5min 高纯度的氩气以消除氧残留物。最后，在氩气和氢气的混合气体中将中心区加热至 700 ℃，生长 1h 后，停止加热，管式炉自然冷却即可得到产物。通过此方法可以在云母衬底上得到约 5nm 厚的碲纳米薄片。

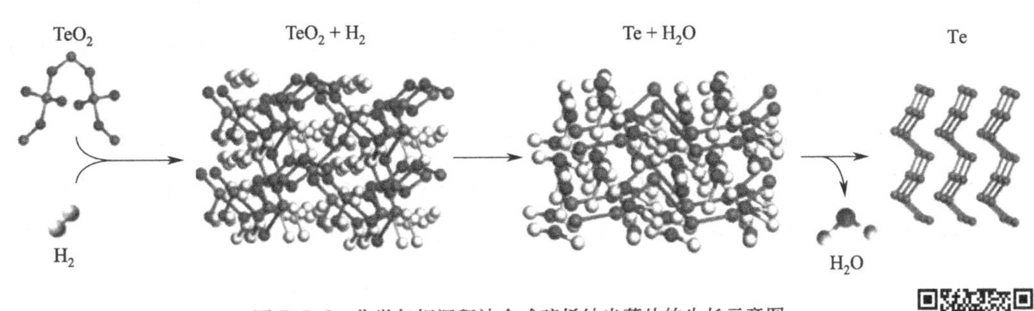

图 5.2.2　化学气相沉积法合成碲烯纳米薄片的生长示意图

5.3　二维材料的种类

一般来说，传统的二维材料是根据其结构进行分类的。图 5.3.1 以中心的石墨烯 (graphene) 为主，四周包括了黑磷 (BP)、氮化硼 (*h*-BN)、过渡金属硫化物 (TMDs，例如：二硫化钼、二硫化钨、二锡化钼、二锡化钨等)，金属有机骨架材料 (MOFs)、共价有机骨架材料（COFs）、金属氮化物/碳化物（MXenes）、层状双氢氧化物（LDHs）、单元素化合物家族（Xenes）、金属氧化物。除了图中所示的以外，还有石墨相氮化碳（$g\text{-}C_3N_4$）、过渡金属卤化物 TMHs（例如：PbI_2 和 $MgBr_2$）、过渡金属氧化物（TMOs，例如：MnO_2 和 MoO_3）、钙钛矿氧化物（例如：$K_2Ln_2Ti_3O_{10}$ 和 $RbLnTa_2O_7$）和二维聚合物等。以下介绍一些较为典型的二维材料。

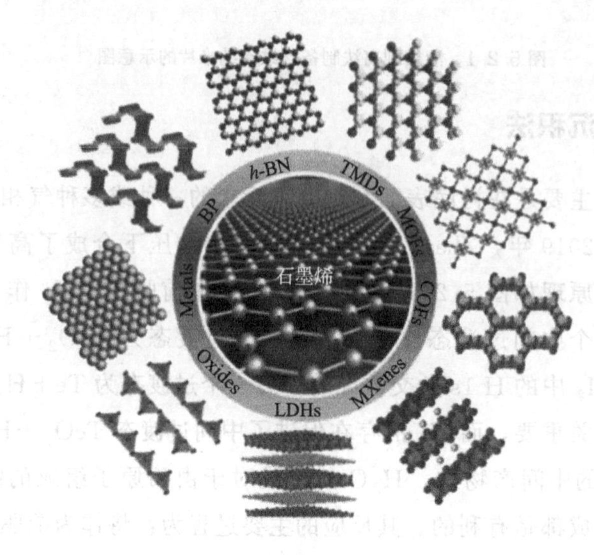

图 5.3.1 传统的二维材料

5.3.1 石墨烯

石墨烯（2004 年）是一种衍生自石墨的孤原子层，其中的碳以六边形蜂窝状晶格相互结合（图 5.3.2），是一种非常出色且成熟的二维材料，是已知的强度最高且最薄的物质，由于其具有卓越的物理化学性能，从而打开了二维材料的新世界。它具有零带隙半金属性质，其中电子具有高度的移动性，常温下电子迁移率高达 $15000cm^2/(V \cdot s)$，电阻率极低，约为 $10^{-6}\ \Omega \cdot cm$，不会因晶格的缺陷或外来原子的引入而发生散射，因此表现出稳定的导电性。由于原子间强烈的作用力，即使在常温下，石墨烯中的电子也不易受到

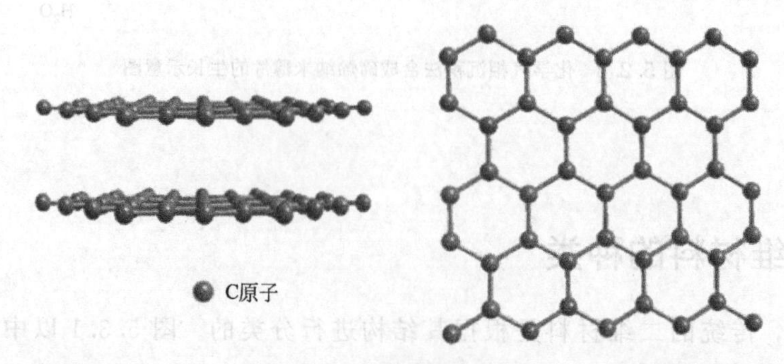

图 5.3.2 石墨烯的原子结构

干扰，并且可以在电场作用下通过改变化学势从而观察到量子霍尔效应。同时，石墨烯也具有非常好的光学特性，当石墨烯吸收入射光的强度达到某个临界值时，吸收会达到饱和，这一特性可以在超快光学方面得到广泛应用。

5.3.2 二维层状过渡金属硫化物（TMDCs）

不同形态的 MoS_2 如图 5.3.3 所示。二维层状过渡金属硫化物（TMDCs）具有直接带隙，可以广泛用于发光二极管和光伏器材的制备。例如 MX_2，其中 M 是过渡金属（TM，例如，Mo、W、Re 或 Ta），X 是氧族元素（例如，O、S、Se 或 Te）。1966 年，人们首次利用胶粘带辅助机械剥离法分离出了单层的二硫化钼，20 年后又用化学剥离法分离出了二硫化钼。随后，计算了霍尔测量值，得出了诸如 WS_2 和 MoS_2 等 TMDCs 中电子-声子散射的理论。基于ⅤB 族和ⅥB 族金属的 TMDCs 因其稳定化合物的多样性和电子行为的多样性而成为研究的热点。层状晶体结构二硫化钼的带隙从多层间接带隙的 1.2eV 到单层直接带隙的 1.9eV 不等。其他二维 TMDCs 半导体，如 $MoSe_2$、WSe_2 和 WS_2，能带结构上也存在类似的层依赖关系。单层二硫化钼为直接带隙，光学跃迁在非键合金属 d 态之间，具有非常高的抗光致腐蚀稳定性，可应用于光催化相关方面。如果将不同的二维过渡金属硫化物材料（如：二硫化钼和二硫化钨）彼此交替堆叠组成异质结，可以制成高效率、高开关比和高电流密度的垂直场效应晶体管，为未来纳米电子学、光电子学和光伏应用提供新的方法。

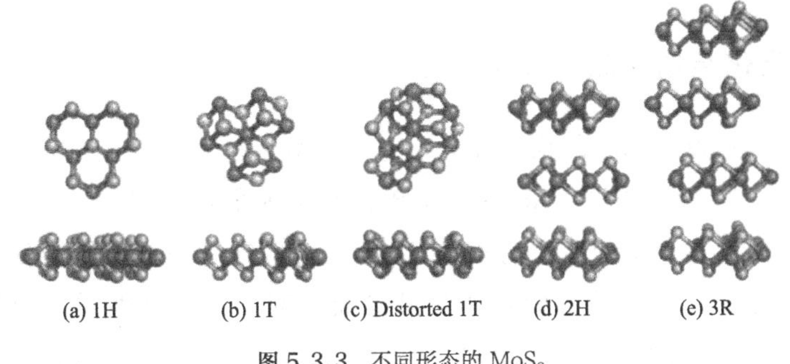
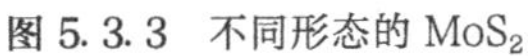

图 5.3.3 不同形态的 MoS_2

5.3.3 黑磷（BP）

Ⅴ族元素磷是地球上丰富的自然资源之一，存在白磷、红磷、蓝磷、紫磷、黑磷（BP）等各种同素异形体。作为热力学最稳定的同素异形体，BP 是无毒的。在除石墨烯之外的新型二维层状材料中，BP 因其高载流子迁移率、P 型导电、可调谐的直接带隙和独特的各向异性等特性，在电子和光电子领域具有巨大的发展潜力而受到广泛关注。二维层状 BP 具有独特的几何结构和电子结构，通过 sp^3 轨道杂化，磷原子处于一个折叠的蜂窝状结构之中，每个磷原子都与两个相邻的平面内磷原子共价结合，并通过 p 轨道与相邻的平面间原子结合。每个折叠层包含两个原子平面，通过微弱的范德华力交互作用堆叠起来，分别具有扶手椅式和之字形沿 x 和 y 方向拓展，见图 5.3.4。

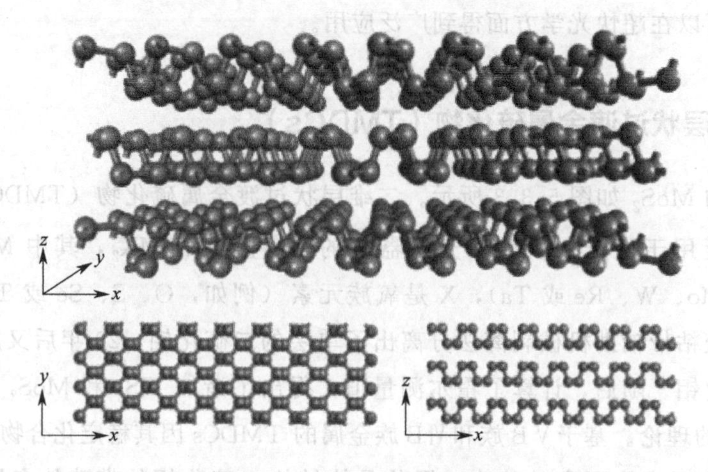

图 5.3.4 黑磷（BP）原子结构

具有直接带隙性质的 BP 有可调谐的依赖于层的带隙，直接带隙范围在 0.3～2.0eV。值得注意的是，BP 将零带隙石墨烯与带隙相对较大的 TMDs 之间的缝隙连接起来，并将其在光子学和光电子学领域的应用扩展到中红外区域。但是由于黑磷在空气中极不稳定，容易在光照条件下与空气中的水蒸气发生反应形成氧化磷，最终形成磷酸使器件失效，因此黑磷的运用仍然停留在实验阶段，难以做到高质量的可控生产。

5.3.4 单元素化合物家族（Xenes）

近年来，随着黑磷和硼吩的快速发展，它们在纳米技术中的应用表现出了意想不到的优异性能，新型的二维单质（Xenes）逐渐引起了人们的广泛关注，在电子、能源、环境和医疗等方面具有广阔的应用前景。尤其是生物方面，Xenes 因其优异的光学和电子性能，被认为是一种很有前途的生物热渗诊断试剂。其物理性质（如超大的比表面积）使得 Xenes 和治疗诊断分子（如治疗性和荧光性分子）之间存在较多的表面相互作用，导致其具有极高的负载能力，这在传统的纳米颗粒药物递送平台中是不可能实现的。此外，由于其超薄的二维结构，可以实现对外界刺激（如近红外激光照射和 pH 值）的快速反应，从而促进负载分子的触发或控制释放行为。同时，Xenes 的化学性质（如可调和通用的表面化学）使各种生物标记物［如细胞生长因子、过氧化氢（H_2O_2）、DNA 等］可用于生物传感领域。并且 Xenes 生物传感器的分析范围和灵敏度可以通过其可能的化学功能化和可调的电气性能来提高。总之，单元素化合物家族的功能多样，如图 5.3.5 所示。

新型的 2D Xenes（如：硼烯、镓烯、硅烯、锗烯、锡烯、磷烯、砷烯、碲烯、铋烯、锑烯、硒烯等）有可能突破其他 2D 材料在实际应用中的局限性。例如，TMDs 的低载流

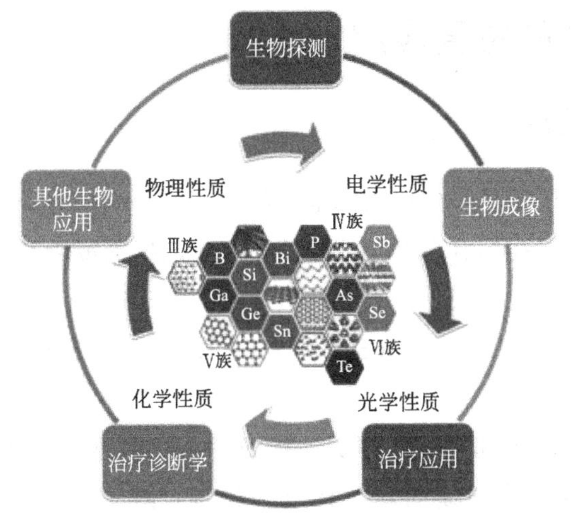

图 5.3.5 单元素化合物家族

子迁移率阻碍了其在各种生物传感方面的应用。尽管二维过渡金属碳化物（MXenes）和石墨烯具有更高的载流子迁移率，但是 MXenes 的有限带隙和石墨烯的零带隙阻碍了它们在生物成像、光学传感和场效应晶体管（FET）中的应用。尽管高电阻使氢氮化硼成为良好的质子导体，但其绝缘性能仍限制其在生物医学中的应用。

5.3.5 全无机二维铅卤钙钛矿 $Cs_2PbI_2Cl_2$

Ruddlesden-Popper（RP）相是二维层状钙钛矿中最常见的一种结构，具有很多重要的应用。在卤素钙钛矿体系中，引入具有 RP 相的二维钙钛矿被证明能够有效改善钙钛矿太阳能电池的稳定性和提高钙钛矿 LED 的发光效率，成为目前研究的热点。但目前报道的 RP 相二维钙钛矿均以有机长链胺作为间隔离子，材料的本征稳定性仍然受到限制。王立铎等在 Cs_2PbX_4（X=Cl，Br，I）模型体系中开创性地合成出了具有单层 RP 结构的全无机二维钙钛矿 $Cs_2PbI_2Cl_2$。

$Cs_2PbI_2Cl_2$ 采用氯离子在面内、碘离子在面外的方式构建独特的［PbI_2Cl_4］八面体单元，DFT 理论计算证明该结构是 Cs_2PbX_4 体系中唯一存在的热力学稳定产物，和实验结果一致。I 原子和 Cl 原子的独立晶体学占位以及 A 位 Cs 原子的大尺寸，共同保证了该结构的热力学稳定特性。$Cs_2PbI_2Cl_2$ 具有 3.04 eV 的直接带隙和较小的面内电子空穴有效质量，保障了其良好的电荷传输性质。利用 Bridgman 方法生长的大尺寸 $Cs_2PbI_2Cl_2$ 单晶具有高效可重复的紫外线响应性，并进一步发现其在 α 粒子探测方面具有良好的计数响应性。更重要的是，该材料具有很好的本征热稳定性，在空气中放置 4 个月后无相分解，保障了其进一步的研究和应用。该工作系统地探索了 RP 结构的全无机二维钙钛矿体系，丰富了卤素钙钛矿低维结构，并为拓展钙钛矿材料的应用提供了新的思路。

5.4 二维材料的主要应用

5.4.1 电子/光电设备

超薄二维半导体由于其独特的机械和电子特性，成为纳米电子研究的热点。这些二维半导体的超薄特性使它们在具有高度灵活性的同时还能抵抗短通道效应。此外，层状二维纳米材料表面不存在悬浮键，减少了表面散射效应。由于这些独特的特性，许多二维半导体，包括 MoS_2、$MoSe_2$、$MoTe_2$、WS_2、WSe_2、BP 等，已经在不同的电子和光电应用中得到了探索。

原子厚度的 MoS_2 由于其较大的带隙、优异的化学和热稳定性，以及优异的抗短通道效应，被认为是一种很有前途的新一代电子材料。除了作为未来电子学的候选应用材料外，2D 半导体 TMDs 晶体管也在化学传感和存储器领域得到了应用。MoS_2 晶体管被用来检测蛋白质，其灵敏度超过了石墨烯晶体管。MoS_2/金属的肖特基接触被用于高灵敏度气体检测。随着 MoS_2 薄膜的合成和光刻技术的不断发展，以 MoS_2 为基础的集成电子电路和光电子电路有望实现。在化学气相沉积法（CVD）生长的 MoS_2 纳米薄片上，研究了一种栅可调节忆阻器，电导变化的机理是在高偏置电压下单层 MoS_2 晶界的迁移。

BP 的带隙随介质环境的不同而表现出很强的厚度依赖性，从 0.3eV（体积 BP）到 2.1eV（单层 BP）。基于 BP/MoS_2 异质结构的 P-N 二极管最大光响应率为 418mA/W，外部量子效率为 0.3%。BP 纳米片的共价表面修饰可以产生一个强的、可调的 P 型掺杂效应，从而可以制作成具有更强的载流子迁移率和开关电流比的场效应晶体管。

5.4.2 电催化

超薄二维纳米材料（如超大表面积和可调谐的工程结构）的结构和电子性质及其固有特性为其在电催化领域的众多潜在应用开辟了道路。在制备了各种成分的二维超薄纳米材料的基础上，这些超薄的二维纳米材料也被广泛地用于一些重要的电化学催化系统中作为电催化剂，其反应主要包括析氢反应（HER）、析氧反应（OER）、氧化还原反应（ORR）和二氧化碳还原反应。

随着制备超薄二维 TMDs 纳米材料技术的快速进展，在酸性介质中作为催化剂的 MoS_2 及其类似物已被广泛研究。与体积型材料相比，超薄的二维 TMDs 纳米材料具有较大的相对体积比和独特的厚度依赖性电子结构，是一种较好的电催化剂。丰富的活性边缘位点，改进了边缘电子结构，层间距离增加，使得 MoS_2 催化剂具有高性能。过渡金属氮化物具有良好的金属性质，可提高导电性能，降低内部电势损失，是一种很有前途的 OER 材料。随着二维纳米材料的普及，掺杂异质原子的石墨烯片已被证明是极具潜力的 ORR 催化剂，石墨烯中的异质原子掺杂可以有效地调节其电子和化学性质，产生有利于氧吸附的带电位点。同时，也可以利用石墨烯的富 π 电子进行氧还原反应。当异质原子掺杂到石墨烯中时，由于异质原子的电负性值与碳原子不同，原本的电中性石墨烯被破坏，从而形成 ORR 的活性位点。如果将更大尺寸的异质原子掺杂到石墨烯中，改变电荷分布，就会诱导形成应变和应力，最终促进催化过程。

5.4.3 电池

可充电电池是我们日常生活中重要的储能设备之一，与一次性电池相比，它的成本更低，对环境的影响也更小。随着人们对大功率电子设备的需求日益增长，目前开发的可充电电池仍存在能量密度低、循环寿命短、充电速度慢、成本较高、火灾风险大等问题。

由于电极材料的性能对可充电电池的性能有很大的影响，因此开发结构新颖、表面性能优异的新型电极材料对提高可充电电池的性能具有重要意义。以石墨为例，作为锂离子电池（LIB）最常用的阳极，石墨的理论容量为 372mAh/g，在剥离后，单层/薄层石墨烯纳米片的理论容量为其两倍（744mAh/g)。这是因为石墨烯纳米片的两面都可以得到有效利用。与石墨相比，石墨烯的二维晶体结构具有许多优点，如促进电解质离子的插层/脱层，缓冲。由于二维纳米片的弹性而导致的电极材料体积膨胀，以及增强锂的表面/界面存储性能。此外，石墨烯在剥离过程中产生的表面缺陷和片状边缘可以作为锂的存储活性位点，导致石墨烯的比容量高于其理论值。由于石墨烯具有大的表面积和高导电性，它还可以作为基体，通过形成复合电极来阻止金属氧化物/硫化物等其他高容量活性材料的聚集，从而提高了比容量、速率能力和循环性能。MoS_2 作为一种典型的石墨类似物，具有较高理论容量（670mAh/g）的层状结构，基于锂的存储机制（$MoS_2+4Li^++4e^-\longrightarrow Mo+2Li_2S$)，可用于锂电池的负极材料。

5.4.4 超级电容器

超级电容器具有功率密度高、充放电速度快（如几秒)、循环寿命好（如 10000 次)、成本低、运行安全等特点。根据表面电荷存储机理，影响电极材料性能的两个关键因素是表面积和导电性。从原理上讲，由于纳米材料的超微结构和较大的横向尺寸，与其他纳米结构材料相比，单层或多层厚度的二维纳米材料具有较大的表面积，表面氧化还原反应可在 2D 纳米材料的两侧发生，因此与大体积同类材料相比，可以产生更多的感应电流电容。一些二维纳米材料，如石墨烯和 MXenes，也具有超高的电子迁移率和高速率的性能，是成为超级电容器的理想材料。除了存储基于电化学双层电容器（EDLC）的电荷外，某些 2D 纳米材料还具有可逆的感应电流过程，例如表面氧化还原反应和电化学掺杂/去掺杂，可以产生更高的能量密度。

5.4.5 太阳能电池

由于石墨烯具有很高的光学透明性和导电性，其最有前途的应用是作为一种透明电极，取代传统的透明导电氧化物电极，如氧化铟锡（ITO）和氧化氟锡（FTO）。此外，石墨烯的机械柔性和化学稳定性使其适合制作柔性光伏器件。通过 CVD 生长或液相剥离法制备的石墨烯可用于制作透明电极。前者具有在特定基底上获得高质量、大规模石墨烯的优点，而后者能够实现石墨烯的大规模生产。由于纯石墨烯的固有电导率不够高，在不影响透光率的前提下，可以通过掺杂或与碳纳米管、导电聚合物、金属纳米线等杂化来提高其电导率。

虽然石墨烯在光伏器件中的多功能应用已经实现，但由于它的吸收系数低，且没有带隙，其金属性能也较差，在吸收层方面难以被应用。与之相比，超薄二维 TMDCs 的电学性能使其在太阳能电池设备中具有广泛的应用价值。单层 TMDCs 具有优异的吸收性能，是利用二维 TMDCs 作为构件制作超薄光伏器件的理想材料。TMDCs 剥落至单层或数层可诱导 TMDCs 从半导体 2H 向金属 1T 相转变。二维 TMDCs 在电子结构和光学性能上的巨大差异为其作为光伏器件的功能元件提供了巨大的机遇。TMDCs 的多晶型和带结构可显示金属、半金属、半导体和超导行为，使其能在光伏器件中作为中间层或有源层，具有广泛应用前景。

5.4.6 光催化

有机污染物修复和清洁太阳能燃料发电的光催化技术被广泛认为是解决日益严重的环境污染和能源短缺问题的有效途径。一般来说，在半导体催化剂上的光催化过程有 3 个关键步骤：a. 光激发下的载流子生成；b. 将电荷分离并迁移到催化剂表面；c. 催化剂表面的氧化还原反应。光催化过程的整体效率取决于上述步骤的热力学和动力学的平衡。因此，一个理想的光催化剂必须同时满足几个关键的标准，包括合适的带隙来有效地获取太阳能，跨越氢氧化还原电位的带边电位，有效的电荷分离，以及具有长期稳定性。

由于具有独特的原子结构，超薄的二维纳米材料在光催化方面表现出明显的优势。首先，与超薄二维材料厚度相关的增大的表面积对于光的收集、大量的传输以及丰富的表面活性位点的暴露有很大的好处。其次，二维材料的超薄特性显著降低了体块到表面的电荷迁移距离，改善了电荷分离。更重要的是，超薄二维纳米材料可以作为合理设计多组分光催化剂的良好平台，以满足各种光催化应用的要求。

5.4.7 传感器

电子传感器检测的实现是基于场效应晶体管器件或化学电阻中目标分析物与通道材料的相互作用而引起的通道材料的电导变化。典型的场效应管器件由漏/源电极之间的半导体通道组成，通道的电导可以通过改变介质层的栅电压来调节。在没有栅电极的情况下，由两个电极之间的沟道材料构成的器件可以被认为是一个化学电阻，与 FET 器件相比，它具有更简单的器件结构。

电子传感器有两种主要的传感机制，即静电门效应和掺杂效应。在实际的传感应用中，这两种机制都可能对传感效果产生影响，并与其他复杂的传感机制相结合。超薄二维纳米材料（尤其是单层纳米材料）的明显优势之一是，它们的原子级厚度可以确保在检测过程中其表面原子暴露于分析物中，从而获得给定材料的最终灵敏度，而这是其他形式的纳米材料所无法达到的。

与 3D 钙钛矿相比，低维 RP 层状钙钛矿表现出优异的稳定性；然而，相对较低的功率转换效率（PCE）限制了它们未来的应用。在这项工作中，开发了一种新的氟取代的苯乙胺（PEA）阳离子子作为间隔物，以制造准 2D$(4FPEA)_2(MA)_4Pb_5I_{16}$（层数为 $n=5$）钙钛矿太阳能电池，其结构和能带如图 5.4.1 所示。器件最高 PCE 为 17.3%，J_{sc} 为 19.00mA/cm，V_{OC} 为 1.16 V，填充因子（FF）为 79%，这是目前低维 Ruddlesden-Popper Perovskite（RPP）太阳能电池的最佳结果（$n\leqslant5$）。增强的器件性能可归因如下：首先，由 4-氟-苯乙基铵（4FPEA）有机阳离子诱导的强偶极子促进了电荷解离。其次，氟化 RPP 晶体优先沿垂直方向生长，并形成相分布，随着从底部到顶部表面的 n 数增加，导致有效的电荷传输。再次，基于 4FPEA 的 RPP 薄膜表现出更高的薄膜结晶度，增大了晶粒尺寸和降低了陷阱态密度。最后，未密封的氟化 RPP 装置表现出优异的湿度和热稳定性。因此，氟化长链有机阳离子为同时提高低维 RPP 太阳能电池的效率和稳定性提供了可行的方法。

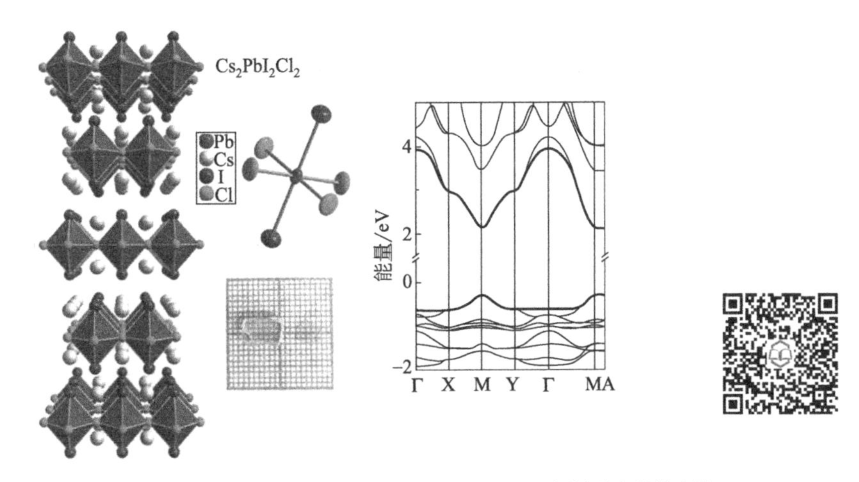

图 5.4.1 功率转换效率超过 17%的氟化低维 Ruddlesden-Popper 钙钛矿太阳能电池

参考文献

[1] Anichini C, Czepa W, Pakulski D, et al. Chemical sensing with 2D materials [J]. Chem Soc Rev, 2018, 47 (13): 4860−4908.

[2] Amani M, Tan C, Zhang G, et al. Solution-synthesized high-mobility tellurium nanoflakes for short-wave infrared photodetectors [J]. ACS Nano, 2018, 12 (7): 7253-7263.
[3] Zhang L, Gong T, Yu Z, et al. Recent advances in hybridization, doping, and functionalization of 2D xenes [J]. Adv Func Mater, 2021, 31 (1): 2005471.
[4] Wu L, Huang W, Wang Y, et al. 2D Tellurium based high-performance all-optical nonlinear photonic devices [J]. Adv Func Mater, 2019, 29 (4): 1806346.

第6章

柔性透明电极及其制备方法

6.1 柔性透明电极概述

柔性透明电极（FTE）在有机发光二极管（OLEDs）、超级电容器和有机太阳能电池（OSCs）等柔性可穿戴电子设备的发展中起着关键作用。然而，柔性电子器件的性能仍然远远低于刚性电子器件，因为很难同时实现具有优异的机械性能、低阻力、高透明度和光滑表面的FTE。氧化铟锡（ITO）是一种传统的透明电极，通常具有高透过率（>90%）和低片电阻（Rs）（10～25Ω/sq）。然而，ITO薄膜在外界应力作用下容易发生脆性开裂，并且在大批量生产时通常采用高成本的溅射技术，这使得ITO薄膜不是柔性电子器件FTE的最佳选择。因此，探索具有优异的光电性能，与塑料基板兼容，且制造成本低的新型透明电极是一项迫切的任务。近年来，一些综合性能优越的新型导电材料，如导电聚合物、金属栅格、金属纳米线（NWs）、超薄金属、石墨烯、碳纳米管，由于其强大的机械弯曲性能和在大面积加工方面的优势，已被开发为ITO取代材料。

薄膜电极材料用方块电阻（sheet resistance of square，Rs）或片电阻表示其电阻性能，其含义是单位厚度的电阻率ρ/t，ρ是电阻率，t是薄膜的厚度。基本的测量方法是四探针法，外侧的两个电极通电流，内侧的两个电极测电压。用电压与电流的比值得到片电阻，单位为Ω/sq，其数值大小可直接换算为热红外辐射率。其原理是：材料内部的载流子会对红外光有吸收作用，载流子越多，电导越大，吸收作用也越强，能够透过的红外光强度也越小。

金属NWs是目前研究最广泛的导电材料，已经以相对简单的器件配置在触摸屏上实现了应用。然而，尺寸不均匀的NWs会导致其在基板表面的随机分布，影响整个电极的表面均匀性，这也会恶化后续的薄膜沉积，降低器件的再现性。此外，金属NWs交叉结之间的接触相对较弱，这可能增加“结电阻”，从而导致合成电极的高片状电阻。近年来，研究人员通过精确控制金属NWs的尺寸分布，加强金属NWs交叉结之间的接触，来降低表面粗糙度，提高其导电性。例如，离子静电斥力方法可将聚电解质掺杂到银 NWs (AgNWs)-水溶液中，减少 AgNWs 的聚集。所合成的柔性栅极结构可将薄片电阻降低到 10Ω/sq，透光率达到 92%。不仅功率转换效率达到了 16.5%，而且表现出了好的机械稳定性。

超薄金属是另一种具有良好电子性能和光学透明度的关键导电材料，其电学/光学特性对厚度异常敏感。随着厚度的增加，电导率显著增加，透光率急剧下降。为了平衡透光率和电导率，金属膜厚度应小于 10nm。然而，金属在薄膜上生长易形成岛状形貌，并表现出较差的透光率和导电性。如果预先沉积一层透光层，如氧化锌层，可以改善金属在柔性基底上的超薄生长。基于该电极的柔性太阳能电池功率转换效率达到 7.1%。

随着纳米材料技术的发展，基于金属纳米结构的 FTE，包括超薄金属薄膜、金属纳米线、金属网、复合电极和金属纳米颗粒等纳米结构材料，在过去几十年中取得了很大进展。通过介绍柔性透明电极的制备方法，给研究者提供具体应用与制备方法之间的关联，通过综合考虑各种因素，找到合适的制备方向，推动柔性电子材料的发展。

透明导电薄膜（TCF）按其组成可以大致分为金属导电薄膜、氧化物导电薄膜、有机高分子导电薄膜、类石墨烯导电薄膜和金属纳米线导电薄膜。

用室温溅射法制备的透明导电氧化铟锡（ITO）/金属/ITO 多层电极，厚度为 5～35nm 的 Ag 和 Cu 薄膜作为中间金属层，在厚度约为 30nm 的 ITO 涂层之间，这些多层膜在可见光谱范围内也表现出很高的透光率，在玻璃衬底上透光率超过 90%，片电阻都低于 6Ω/sq，优点值都比 ITO 单层电极高出一个数量级，证明了 ITO/金属/ITO 结构具有高质量和热稳定性。嵌在柔性基板上的细线金属栅格 TCF 的透光率为 80.35%，薄层电阻为 6.85Ω/sq，所制备的有机太阳能电池功率转换效率为 1.40%，实现了在柔性基底上的卷对卷印刷[1]。

将有机材料引入金属结构中，在刚性和柔性衬底上构建透明电极，制备的有机-金属-有机（OMO）电极具有优异的光电性能（T=85%，Rs 低于 10Ω/sq）、机械柔韧性、热稳定性和环境稳定性，基于 OMO 的聚合物光伏电池的性能可与基于 ITO 电极的器件相媲美。

因一维材料具有良好的柔性，金属纳米线（如 CuNWs、AgNWs、AuNWs 等）通过旋涂、喷涂或静电纺丝等方法用于制备透明电极，其薄膜可很好地应用于柔性设备。

6.2 柔性透明电极的制备方法

(1) 真空抽滤法

真空抽滤法中有两个比较关键的部分，滤膜和真空泵。滤膜起到过滤作用，混合纤维素滤膜材料（MCE），表面存在大量微孔，孔隙率高，孔径均匀，无介质脱落，质地薄，阻力小。

在固定容积下，通过控制 AgNWs 的水溶剂分散液的浓度，可以容易地控制 AgNWs

薄膜单位面积质量，即厚度。分散液浓度越大，抽滤得到的薄膜单位面积质量越大。适用的实验方法是将容积（V）为300mL，浓度（c）为0.25～3mL的AgNWs分散液倒入待抽滤瓶内，然后利用真空泵在滤膜下方形成负压进行抽滤。由于水分子的大小远远小于滤膜孔径，所以水分子透过滤膜，而AgNWs残留在滤膜上面，然后在滤膜上沉积成面积（S）为1256mm^{2}的AgNWs层，即AgNWs/MCE。那么制备的薄膜单位面积质量m_{p}为如式(6.2.1)。

$$m_{\mathrm{p}}=\frac{Vc}{s} \tag{6.2.1}$$

真空抽滤法的优点如下。

① 均匀性好：真空抽滤过程中，AgNWs被均匀分散在水溶液中，通过负压过滤在滤纸上，滤膜上AgNWs各处厚度相差不大。因此制备过程本身就很好地保证了透明电极的均匀性。

② 材料紧密性好：真空抽滤过程中，由于滤膜两侧存在负压差，水溶液的压力和真空的负压使得AgNWs之间更紧密地接触。

③ 利用率高：真空抽滤过程中，分散在水溶液中的溶剂全部透过滤膜，分散液中绝大部分AgNWs都被过滤在滤纸上，材料利用率非常高。

真空抽滤法的缺点如下。

① 如果需要进行样品至衬底的转移，在转移过程中透明电极容易受到损坏；

② 该方法只能制备小面积的透明电极。

（2）Meyer棒涂覆法

将基片固定，在基片上滴加AgNWs或者其他的悬浊液，通过Meyer棒的滚涂和压力，将悬浊液分散成厚度均匀的薄膜。可以将氧化石墨烯（GO）油墨涂覆在聚对苯二甲酸乙二醇酯（PET）表面，制备柔性、高稳定性的复合透明导电电极（TCE），片电阻可达25Ω/sq，在550nm处透光率为87.6%[2]。可获得高强度和高稳定的柔性透明电极（TEs）。

GO/AgNWs混合TCFs是ITO应用于有机发光二极管（OLEDs）、太阳能电池和平板显示器等光学器件中很有前途的候选材料。通过以上方式制备柔性透明电极，用该复合薄膜作为阳极，用于有机发光二极管表现出与ITO器件相当的性能。

（3）溶液旋涂法

衬底固定在旋涂仪上，将AgNWs的混合悬浊液滴在衬底上，通过控制转速，可制备出AgNWs柔性透明电极。例如，通过在异丙醇（IPA）中的AgNWs分散体中加入少量去离子水，制备的AgNW薄膜，其片电阻（Rs）为27.0Ω/sq，透光率为92%(550nm)，可以很好地用于钙钛矿和聚合物太阳能电池[3]。

（4）静电纺丝法

静电纺丝是一种特殊的纤维制造工艺，通过静电纺丝得到纤维聚合物细丝材料，可有效地用于柔性透明电极的制备方面，可以很好地制备衬底表面的导电介质，控制电极的光电特性。用这种方法制备出的柔性透明电极，透明度达 51.29%～68.97%，电阻达 0.125Ω/sq。Guo 等人通过一种简单和通用的方法，即基于一步静电纺丝和乙醇溶剂体系，生产皮肤类防水和透气的聚二甲基硅氧烷（PDMS）嵌入聚乙烯醇缩丁醛（PVB）纤维膜，获得的 PVB/PDMS 纤维膜水蒸气透过率为 8.98kg/(m^2·d)，机械强度为 4.95 MPa。

（5）模板法

模板法是将制备好的 AgNWs 溶液注入有特定图案的模板中，通过微细的模板毛细管阵列等方式，控制所需要的形状制备出需要的柔性透明电极薄膜。该电极薄膜具有更高的透明度，均匀的结构阵列。但缺点明显：制备过程复杂，过程的控制难度较大。

采用石英铬掩膜对疏水性表面进行选择性蚀刻，并采用半月板拖曳沉积法将悬浮在异丙醇/乙二醇混合物中的 AgNWs 涂覆在基片上，形成 AgNWs 栅格结构的透明薄膜，其薄膜片电阻为 33Ω/sq，透光率为 92.7%（λ= 550nm）。

（6）丝网印刷法

此法可以设计出需要的电极形状丝网。如利用金属网的方法制作可伸缩的触摸屏面板，用于透明电极的图案。可将 AgNWs 与氧化石墨烯（GO）结合，采用丝网印刷技术制作 AgNWs/氧化石墨烯混合透明导电电极，所得电极具有良好的光电性能（在 550nm 时的透过率为 83.5%，片电阻为 11.9Ω/sq）。

6.3 柔性透明电极薄膜的制备及其效果

6.3.1 柔性透明电极薄膜的制备

为满足高性能光电应用的需求，具有高透明度、低电阻、良好弯曲特性。本节具体介绍采用多元醇法制备柔性透明电极薄膜（FTCFs）的具体实例。

首先，以硝酸银为银源，乙二醇为还原剂，聚乙烯吡咯烷酮为封端剂，氯化钠为成核剂。采用多元醇法，并通过控制聚乙烯吡咯烷酮和硝酸银的摩尔比，可以合成出高纯度以及高长径比的 AgNWs。

其次，以上述合成的 AgNWs 为基础材料，选择不同的 AgNWs 含量（X/300mL，X=0.25mL、0.5mL、1.0mL、2.0mL、3.0mL），将各种浓度的 AgNWs 溶液分别加入 300mL 的水溶液里，通过真空抽滤法制备出不同的 FTCFs 样品。

对所制备的样品进行表征与分析。首先通过光学和 SEM 方法观察 FTCFs 的表面形貌。在本实际案例中，可以看出不同 AgNWs 含量的 FTCFs 的表面粗糙度和目测透光率都有明显的变化。通过对断面的表征分析，证实了 FTCFs 的多层结构模型。对光电特性的分析发现 AgNWs 浓度为 0.5mL 时，FTCFs 在波长为 550nm 时的透过率为 75.2%，平均薄片电阻约为 21.95Ω/sq，为综合透光率和电阻平衡的最佳后续实验样品，综合考虑，适合作为后期的研究材料。

6.3.2 柔性透明银电极薄膜的性能

（1）AgNWs 的形貌观察

AgNWs 的形貌如图 6.3.1 所示。

（2）结构分析（XRD）

如图 6.3.2 所示，与银的标准 PDF 卡片相对比，可以确定产物为银的面心立方（fcc）结构。而 fcc 的两个主峰分别为（111）面和（200）面。说明在不同 PVP 浓度下，纳米 AgNWs 均沿着｛111｝晶面择优生长。

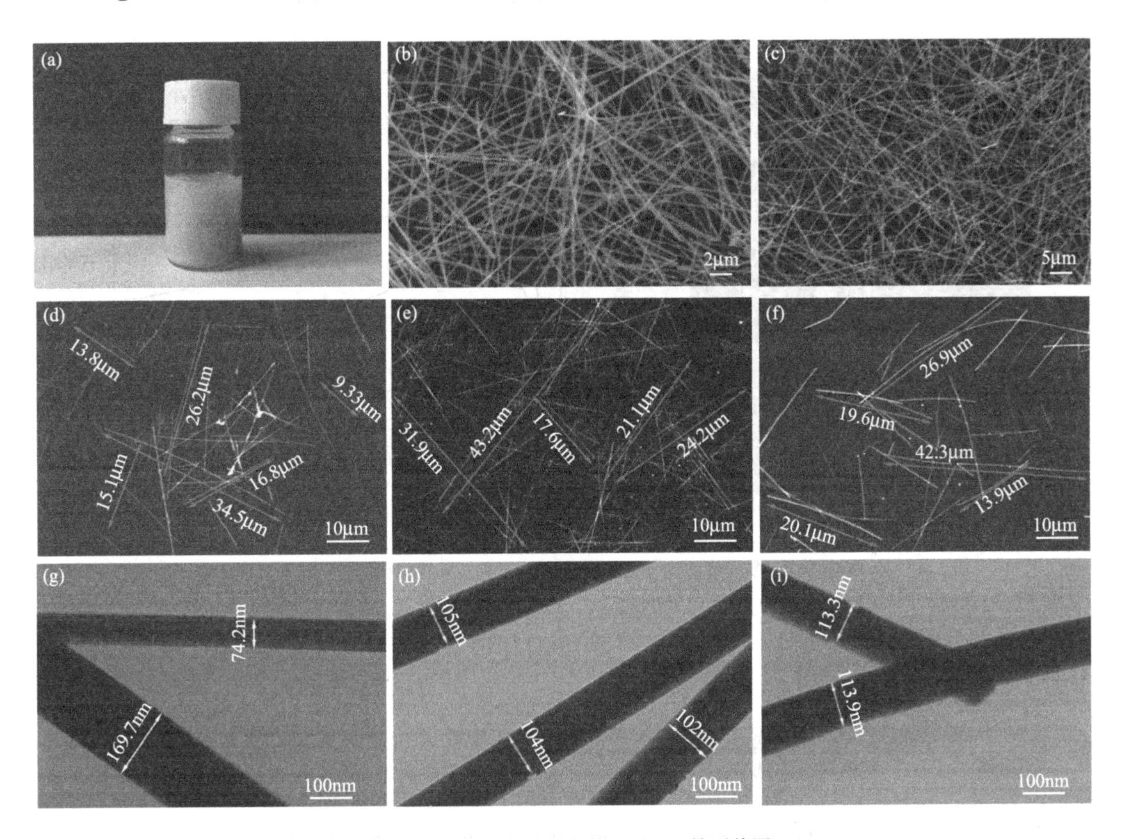

图 6.3.1 多元醇法制备的 AgNWs 的形貌图

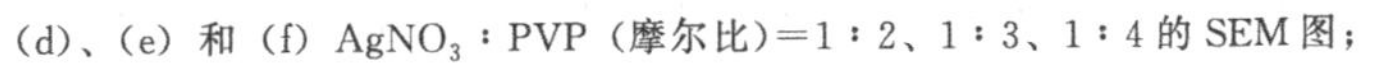

（a）分散在无水乙醇溶液的悬浊液；（b）和（c）不同倍率时的 SEM 图；

（d）、（e）和（f）$AgNO_3$∶PVP（摩尔比）＝1∶2、1∶3、1∶4 的 SEM 图；

（g）、（h）和（i）$AgNO_3$∶PVP（摩尔比）＝1∶2、1∶3、1∶4 的 TEM 图

（3）紫外-可见吸收光谱

如图 6.3.3 所示，多元醇法制备的 AgNWs 紫外-可见吸收光谱呈现出了双吸收峰，波长分别在 350nm 和 400nm。350nm 的峰为纳米银的本征吸收，400nm 的峰为纳米线的共振吸收。

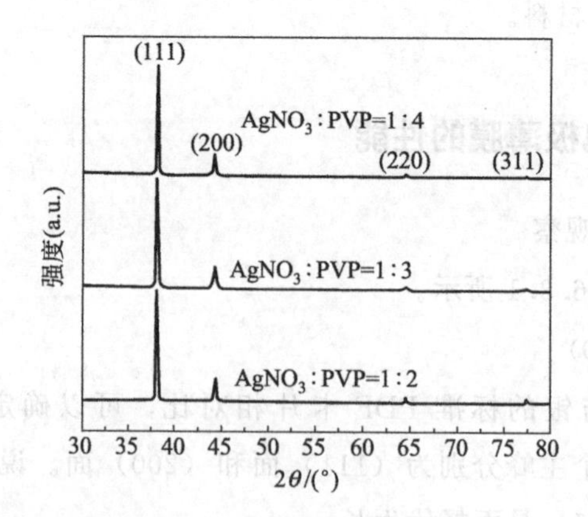

图 6.3.2 不同 $AgNO_3$: PVP 摩尔比制备的 AgNWs 的 XRD 谱图

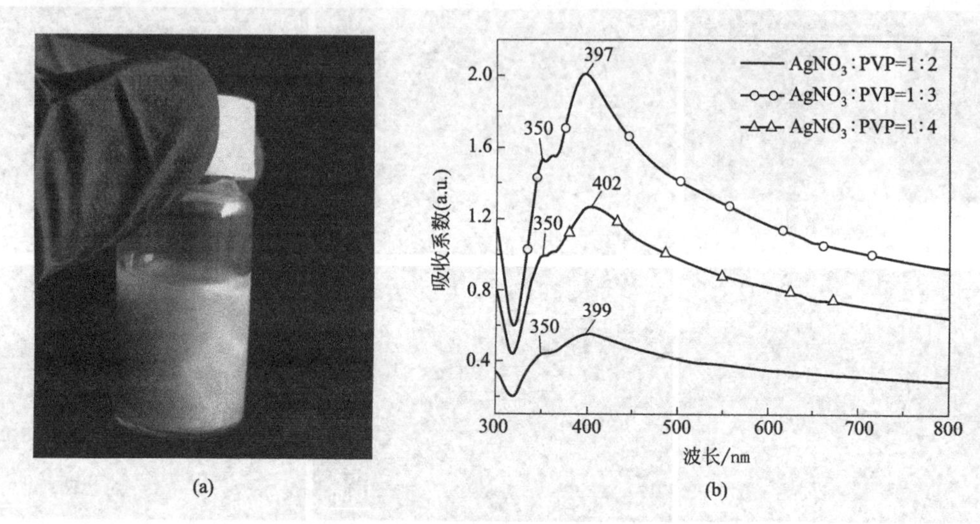

图 6.3.3 多元醇法制备的 AgNWs 悬浊液，呈丝绸状质感 (a)；
三种 $AgNO_3$: PVP 摩尔比的 AgNWs 紫外-可见吸收光谱 (b)

参考文献

[1] Yu J S, Jung G H, Jo J, et al. Transparent conductive film with printable embedded patterns for organic solar cells [J]. Solar Energy Mater Solar Cells, 2013, 109: 142-147.

[2] Zhang Y, Bai S, Chen T, et al. Facile preparation of flexible and highly stable graphene oxide-silver nanowire hybrid transparent conductive electrode [J]. Mater Res Exp, 2019, 7 (1): 016413.

[3] Sun X, Zha W, Lin T, et al. Water-assisted formation of highly conductive silver nanowire electrode for all solution-processed semi-transparent perovskite and organic solar cells [J]. J Mater Sci, 2020, 55 (30): 14893-14906.

第2篇

光谱测试与光吸收原理

第7章 光谱测试原理

光谱：自然界中出现的一道彩虹，或者将一束白光通过棱镜折射后形成的连续光带（图 7.1）。

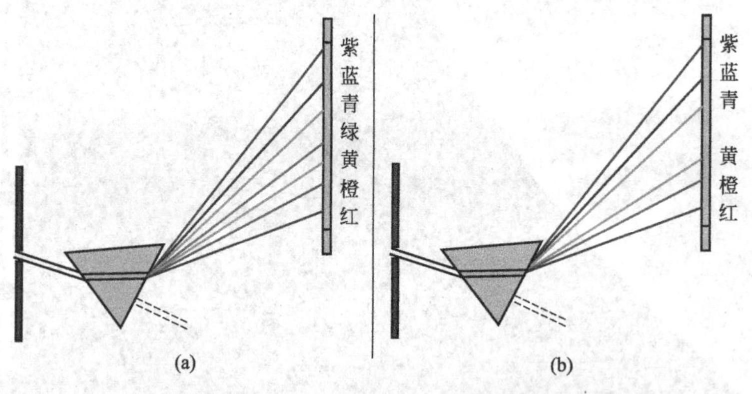

图 7.1 白光通过棱镜折射后形成的连续光带（a）和绿光被吸收后的谱带（b）

吸收光谱：一束光（电磁辐射）穿过某种介质后，因某种频率的光波被吸收而形成的光谱。其原因是晶体中离子的振动频率与被吸收光波的频率相同，或者是某原子内部电子在能级间的吸收跃迁。

发射光谱：从一个自发光光源辐射出来的电磁波（光）通过一个分光仪后产生的连续光谱。

紫外光谱(ultraviolet spectrum)：紫外辐射的谱线。

红外光谱(infrared spectrum)：红外辐射的谱线。

可见光谱：可见光存在一个连续的波长分布，从最长的红光波长到最短的紫光波长。

荧光光谱(fluorescence spectrum)：物质经过连续地吸收较短波长辐射(光）的能量后所发射出的较长波长辐射(光）为荧光。被紫外光照射时，发出的荧光通常是可见的。

磷光：被辐射源照射后，移走该辐射源后仍能持续地发射冷光。它包括了有机体的生物发光，如萤火虫。

7.1 紫外-可见吸收光谱

紫外吸收光谱和可见吸收光谱都属于分子光谱（100～800nm 光谱区）。其中，100～200nm 为远紫外区；200～400nm 为近紫外区；400～800nm 为可见光区。它们都是由价电子跃迁而产生的，因而可以利用物质的分子或离子对紫外和可见光吸收所产生的紫外可见光谱及吸收程度，对物质的组成、含量和结构进行分析、测定、推断。

7.1.1 分子结构与吸收谱线

分子的能级 E 来源于三种量子化的能级：电子能级 E_e、振动能级 E_v、转动能级 E_r。其中：$E=E_e+E_v+E_r$，$\Delta E_e>\Delta E_v>\Delta E_r$。

① 电子能级 E_e(电子相对于原子核的运动)：电子的跃迁能差约为 1～20eV，所吸收光的波长约为 12.5～0.06μm，在真空紫外到可见光区，对应形成的光谱称为电子光谱或紫外-可见吸收光谱。

② 振动能级 E_v(原子在其平衡位置附近的相对振动)：分子的振动能级差为 0.05～1eV，吸收波长约为 25～1.25μm 的红外光，其光谱为红外光谱。

③ 转动能级 E_r(分子本身绕其重心的转动)：转动能级间的能量差为 0.005～0.050eV，吸收波长约为 250～25μm 的远红外光，其光谱称为远红外光谱或分子转动光谱。

7.1.2 紫外-可见吸收光谱原理

在紫外吸收光谱中，电子的跃迁有 $\sigma\rightarrow\sigma^*$、$n\rightarrow\sigma^*$、$\pi\rightarrow\pi^*$ 和 $n\rightarrow\pi^*$ 四种类型，且能量依次减小[1]（图 7.1.1）。其中，σ 为电子成键轨道；π 为双键电子成键轨道；n 为未成键的孤对电子轨道；* 表示反键轨道。当分子吸收一定能量的辐射能时，这些电子就会跃迁到较高的能级，此时电子所占的轨道称为反键轨道，而这种电子跃迁与材料的内部结构有密切的关系。

$\sigma\rightarrow\sigma^*$ 跃迁：吸收能量较高。饱和烃中的 C—C 属于这种跃迁类型，如乙烷 C—C 键 λmax 为 135nm。(注：由于一般紫外可见分光光度计只能提供 190～850nm 范围的单色光，因此无法检测 $\sigma\rightarrow\sigma^*$ 跃迁。)

$n\rightarrow\sigma^*$ 跃迁：含 O、N、S 等原子的基团，如—NH_2、—OH、—SH 等可能产生，摩尔吸光系数较小。

$\pi\rightarrow\pi^*$ 跃迁：含 π 电子的基团，如 C=C、 C≡C 、C=O 等，一般位于近紫外区 200nm 左右，为强吸收带。

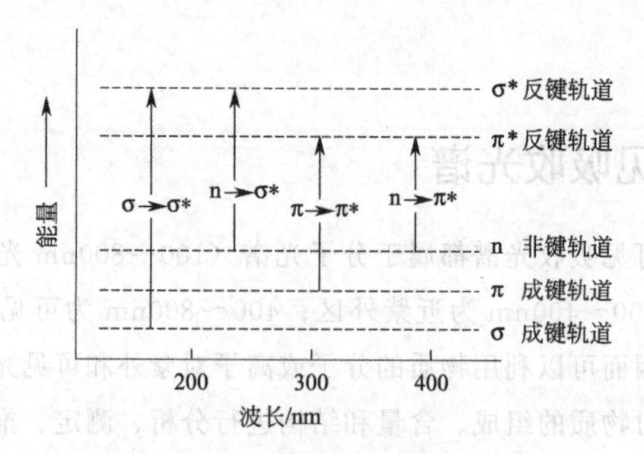

图 7.1.1　电子能级及电子跃迁示意图

$n \to \pi^*$ 跃迁：含杂原子的不饱和基团，如 C═O、C═S、N═N 等。跃迁能量较小，吸收发生在近紫外或者可见光区。特点是强度弱、摩尔吸光系数小，产生的吸收带也叫 R 带。

K 带：共轭体系的 $\pi \to \pi^*$ 跃迁又叫 K 带，与共轭体系的数目、位置和取代基的类型有关。

B 带：芳香族化合物 $\pi \to \pi^*$ 跃迁而产生的精细结构吸收带叫作 B 带。

E 带：苯环上三个双键共轭体系中的 π 电子向 π^* 反键轨道跃迁的结果，可分为 E_1 和 E_2 带(K 带)。

7.1.3　无机材料的紫外-可见吸收光谱

无机化合物的紫外-可见吸收主要是由电荷转移跃迁和配位场跃迁产生的。电荷转移吸收谱带的波长范围在 200～450nm；配位体场吸收带的波长范围在 300～500nm。

(1) 电荷转移跃迁

电荷转移跃迁为无机配合物中心离子和配体之间发生的电荷转移：当电磁辐射照射到某些无机化合物尤其是配合物时，这些化合物在发生电子跃迁的同时，也可能发生一些电子从体系的一部分（电子给予体）转移到该体系的另一部分（电子接受体）的变化，由此产生的吸收光谱就称为电荷转移吸收带。

$$M^{n+} + L^{b-} \xrightarrow{h\gamma} M^{(n-1)+} + L^{(b-1)-}$$

上述公式中中心离子(M^{n^+}) 为电子受体，配体(L^{b^-}) 为电子给体。不少过渡金属离子和含有生色团的试剂反应生成的配合物以及许多水合无机离子均可产生电荷转移跃迁。

电荷转移吸收光谱出现的波长位置，取决于电子给体和电子受体相应电子轨道的能量差。一般来说，中心离子的氧化能力越强，或配体的还原能力越强，则发生电荷转移跃迁时所需能量越小，吸收光谱波长红移。相反，若中心离子的还原能力越强，或配体的氧化能力越强则发生电荷转移跃迁时所需要的能量越大，吸收光谱波长蓝移。

当存在铁离子时，电荷转移跃迁还存在电子从低能级到高能级的跃迁，并产生一个激发态。这种跃迁主要与三价铁离子的轨道相关，因此这一激发态是一种内氧化还原过程中的产物（在有机化合物中则不同，激发态电子处于由两个或两个以上原子所形成的分子轨道上）。一般情况下，电子还会迅速地回到其原来状态，但是有时候也可能激发配合物的解离。

电荷转移一般有以下四种类型：

① 异核转移，例如 Fe—Ti 间的转移，如蓝宝石、蓝晶石。

② 同核转移，例如 Fe^{2+}—Fe^{3+} 间的转移，如普鲁士蓝。

③ 金属—配位体转移，例如 $Fe^{3+}+SCN^{-}\xrightarrow{h\gamma}Fe^{2+}+SCN$。

④ 配位体—配位体转移，例如 S_3 显示深蓝色。

电荷转移吸收所需的能量同配位体的电子亲和力有关，电子亲和力越低，电子就越易离域而激发，激发所需的能量也就越低，结果产生的电荷转移吸收谱带的波长也就越长。如下列配位体的电子亲和力依次降低：$NH_3>Ti>F>Cl>Br>I$，它们所产生的吸收谱带的波长就依次增大，移向较长的波长。电荷转移吸收谱带不仅谱带宽，而且强度大，在定量分析中有着重要的应用价值。

（2）配位场跃迁

配位场跃迁吸收谱带指的是过渡金属水合离子或过渡金属离子与配位体所形成的配合物在吸收紫外光或可见光后所形成的吸收光谱。

根据配位体场理论，过渡金属具有简并的 d 轨道，当配位体按一定几何形状排列在过渡金属离子周围时，使得原来简并的 d 轨道分裂成能量不同的能级，如在八面体晶体场中，金属自由原子或离子的 5 个简并 d 轨道分裂成两组轨道 T_{2g} 和 E_g。如果 d 轨道未充满就会发生电子在这些能级之间的跃迁，此时就会形成吸收峰数目、波长和强度不同的吸收光谱。

以 Co(Ⅲ）的六配位配合物 CoA_6 为例，在强场低自旋配合物八面体中，具有 d^6 电子组态 Co(Ⅲ）的六个 d 电子都成对地分布在三个 T_{2g} 轨道上，其基谱项为 $^1A_{1g}$。根据自旋禁阻选择定则，电子只有在各单重态之间的跃迁是允许的。Co(Ⅲ）的单重态按能量递增的顺序是 $^1T_{1g}$、$^1T_{2g}$、^1E_g、$^1A_{2g}$……由此可以在可见光区观察到 $^1A_{1g}\rightarrow T_{1g}$ 和 $^1A_{1g}\rightarrow T_{2g}$ 两个吸收峰。当其中的两个配体 A 被配体 B 取代后成为 CoA_4B_2，其对称性从 O_h 降低到 D_{4h} 并发生能级分裂，如图 7.1.2 所示。谱项 $^1T_{1g}(O_h)$ 分裂为差异较大的两个能级 $^1A_{2g}$ 和 ^1E_g，吸收谱中对应两个吸收峰；$^1T_{2g}(O_h)$ 分裂为差异较小的两个能级 $^1B_{2g}$ 和 ^1E_g，即 1 个大峰由 2 个差异较小的小峰构成。

稀土离子的特征电子为 f 电子，但由于 f 轨道被外层已充满电子的轨道屏蔽，因此它们的光谱具有特征吸收峰，不受配位离子影响。因所有 f→f 电子之间的跃迁均是允许的，故摩尔吸光系数比 d→d 跃迁大。

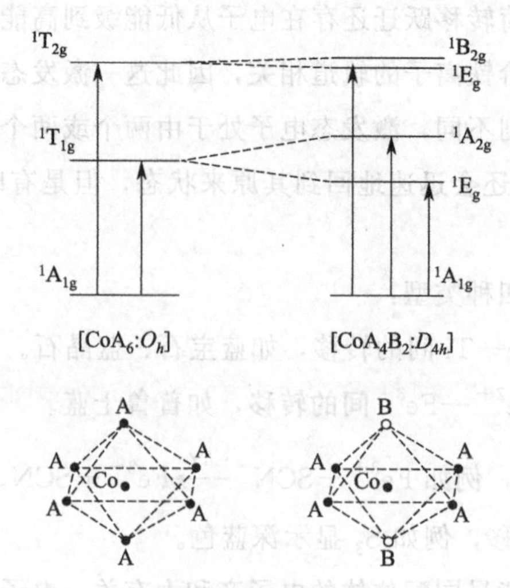

图 7.1.2 Co(Ⅲ)的六配位配合物 CoA_6 和 CoA_4B_2 的吸收光谱

7.1.4 有机材料的紫外-可见吸收光谱

紫外-可见吸收光谱包括有几个谱带系，不同的谱带相当于不同电子能级的跃迁。

① 远紫外（真空紫外）吸收带：烷烃化合物的吸收带，如 C—C、C—H 基团，为 $\sigma\rightarrow\sigma^*$ 跃迁，最大吸收波长<200nm，范围在 10～200nm。

② 尾端吸收带：饱和卤代烃、胺或含杂原子的单键化合物的吸收带，为 $n\rightarrow\sigma^*$ 跃迁，范围从远紫外区末端到近紫外区的 200nm 附近。

③ R 带：共轭分子中含杂原子基团的吸收带，如 C═O、N═O、NO_2、N═N 等基团，$n\rightarrow\pi^*$ 跃迁产生，为弱吸收带，摩尔吸光系数 κ<100L/（mol·cm）。随溶剂极性的增加，R 带会发生蓝移；附近若有强吸收带则会红移，或观察不到。

④ K 带：共轭体系的 $\pi\rightarrow\pi^*$ 跃迁所产生的吸收带，如共轭烯烃、烯酮等。带的吸收强度很高，一般 κ>10000L/（mol·cm）。

⑤ B 带：芳香和杂环化合物 $\pi\rightarrow\pi^*$ 跃迁的特征吸收带，κ 在 250～3000L/（mol·cm）之间。苯的 B 吸收带在 220～270nm 间，并出现包含有多重峰或精细结构的宽吸收带。

⑥ E 带：芳香结构的 $\pi\rightarrow\pi^*$ 跃迁特征吸收带，由处于环状共轭的三个双键的苯型体系中的跃迁产生。E 带又可分为 E_1 和 E_2 带。E 带属于强吸收带，κ>10000L/（mol·cm）。

根据电子跃迁的类型及其所吸收辐射的波长，有机化合物的基团可以分为生色团和助色团两类。

① 生色团：是指分子中含有能对光辐射产生吸收、具有跃迁的不饱和基团及其相关的化学键。这种吸收具有波长选择性，吸收某种波长（颜色）的光，而不吸收另外波长（颜色）的光，从而使物质显现颜色，所以称为生色团。在紫外及可见区，电子系统是生色团。

② 助色团：本身并不会像生色团那样吸收辐射而产生吸收谱带，但是它们的引入却

会增大生色团吸收谱带的强度并使其向长波长方向位移。助色团通常是一些含有孤对电子的基团，如—OH、—NH_2 和—Br 等。当它们和 π 电子体系相连时，就会产生 $\pi \rightarrow \pi^*$ 的跃迁，并使得该跃迁移向长波长方向。

另外，除了助色团的影响之外，具有共轭双键的化合物，共轭的 π 键之间相互作用生成了大 π 键，此时由于键的平均化，电子容易激发，生色作用大大增强。

根据有机化合物的紫外光谱可以推断出化合物的主要生色团及其取代基的种类和位置、共轭体系的数目和位置。例如：①在 210～250nm 间有吸收带，κ 较大，说明可能有两个共轭双键。②在 260～300nm 间有吸收带，κ 较大，可能有 3～5 个共轭双键。③在 250～300nm 间有吸收带，κ 较小，增加溶剂极性会蓝移，说明可能有羰基存在。④在 250～300nm 间有吸收带，中等强度，伴有振动精细结构，说明有苯环存在。

有机化合物的分析与鉴定可采用与标准图谱对照的方式。由于紫外光谱包含了分子中的生色团和助色团，因此，仅根据紫外光谱只能知道是否存在某些基团，不能完全确定其结构。利用紫外光谱对共轭效应敏感的特性可以判别同分异构体。例如某化合物具有顺式和反式两种异构体，在顺式时，由于位阻效应，而使共轭程度降低，则吸收峰会向短波长方向位移；当该化合物中的生色团与助色团在同一平面上时，由于能产生最大的共轭效应，因而吸收波长就会向长波长方向移动。

紫外光谱最主要的应用是在定量分析上，由于具有 π 键电子及共轭双键的有机化合物在紫外区有强烈的吸收，而且 κ 很大，所以有很高的检测灵敏度。

7.2 荧光分析原理

7.2.1 分子的激发与弛豫

光致发光(photoluminescence，简称 PL）是指物质吸收光波后重新辐射出光波的过程，按延迟时间可分为荧光(fluorescence）和磷光。一般以持续发光时间来分辨荧光或磷光，持续发光时间小于 10^{-8}s 的称为荧光，持续发光时间大于 10^{-8}s 的称为磷光。

分子吸收辐射使电子从基态能级跃迁到较高激发态能级，历时约 10^{-15}s，这一跃迁所涉及的两个能级间的能量差等于所吸收光子的能量。紫外、可见光区的光子能量较高，足以引起电子能级间的跃迁。处于这种激发状态的分子，称为电子激发态分子[2]。

在分子激发的过程中，电子的自旋状态也可能发生改变。电子激发态的多重态用 $M=2S+1$(M 为多重度）表示，S 为电子自旋角动量量子数的代数和，其数值为 0 或 1。分子中同一轨道中所占据的两个电子必须具有相反的自旋方向，即自旋配对。这种电子都配对的分子电子能态称为单重态(或称单线态)，用符号 S 表示，即 $S=0$。分子处于激发的三重态时($M=3$）含有两个自旋不配对的电子，即 $S=1$，用 T 表示。处于分立轨道上的非成对电子，平行自旋比成对自旋更稳定(Hund 规则)，因此，三重态能级总是比相应的单重态能级略低。在磁场的作用下，三重态能级会从简并的状态分裂为三个能级。

大多数有机物分子的基态是单重态。如果在吸收能量的电子跃迁过程中自旋方向不变，分子处于激发的单重态；如果电子在跃迁过程中还伴随着自旋方向的改变，这时分子便具有两个自旋不配对的电子，即 S=1，分子处于激发的三重态。符号 S_0、S_1 和 S_2 分别表示分子的基态、第一电子激发单重态和第二电子激发单重态，T_1 和 T_2 则分别表示第一电子激发三重态和第二电子激发三重态。

处于激发态的分子不稳定，可能通过辐射跃迁和非辐射跃迁的衰变过程而返回基态。辐射跃迁的衰变过程伴随着光子的发射，即产生荧光或磷光；非辐射跃迁的衰变过程有振动松弛(VR)、内转化(IC) 和系间窜越(ISC)，这些衰变过程导致激发能转化为热能传递给介质。振动松弛是指分子将多余的振动能量传递给介质而衰变到同一电子态最低振动能级的过程。内转化指相同多重态两个电子态间的非辐射跃迁过程(例如 $S_1 \rightarrow S_0$、$T_2 \rightarrow T_1$)；系间窜越则指不同多重态两个电子态间的非辐射跃迁过程(例如 $S_1 \rightarrow T_1$)。图 7.2.1 为分子内所发生的激发过程以及辐射跃迁和非辐射跃迁衰变过程的示意图。

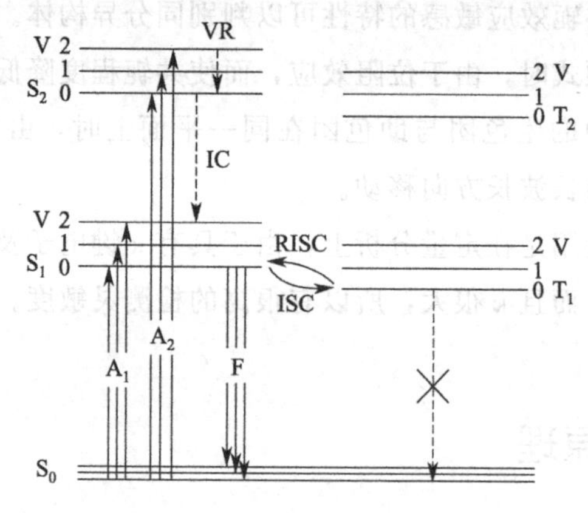

图 7.2.1 分子内的激发和衰变过程

图 7.2.1 中，A_1 和 A_2 为吸收；F 为荧光；IC 为内转化；ISC 为系间窜越；VR 为振动松弛。若分子被激发到 S_2 以上的某个电子激发单重态的不同振动能级上，处于这种激发态的分子很快(约 $10^{-12} \sim 10^{-14}$ s) 发生振动松弛(VR 过程) 而衰变到该电子态的最低振动能级(V=0)，然后又经内转化及振动松弛而衰变到 S_1 态的最低振动能级。接着，通过几种途径衰变到基态：①$S_1 \rightarrow S_0$ 的辐射跃迁而发射荧光；②$S_1 \rightarrow S_0$ 内转化；③$S_1 \rightarrow T_1$ 系间窜越。由于 T_1 与 S_0 的电子自旋相反，故 $T_1 \rightarrow S_0$ 系间窜越是自旋禁阻的。然而，T_1 态最低振动能级的分子有可能发生 $T_1 \rightarrow S_0$ 的磷光，速率常数很小(约为 $10^2 \sim 10^5 s^{-1}$)，也可能同时发生 $T_1 \rightarrow S_0$ 系间窜越。

激发单重态间的内转化速率很快(速率常数约为 $10^{11} \sim 10^{13} s^{-1}$)，$S_2$ 以上的激发单重态的寿命通常很短($10^{-11} \sim 10^{-13}$s)，因而通常在发生辐射跃迁之前会使发生了的非辐射跃迁衰变到 S_1 态。所以，观察到的荧光现象通常是来自 S_1 态最低振动能级的辐射跃迁。

内转化和系间窜越过程的速率，与该过程所涉及的两个电子态的最低振动能级间的能量差有关；能量差越大，速率越小。S_0 态和 S_1 态两者的最低振动能级之间的能量差，通常远比其他相邻的两个激发单重态之间的能量差大，因而 $S_1 \rightarrow S_0$ 的内转化速率常数相对较小(约为 $10^6 \sim 10^{12} s^{-1}$)。$T_1 \rightarrow S_0$ 的系间窜越与之类似。某些过渡金属离子与有机配体的配合物，显示了单重态和三重态的混合态，它们的发光寿命可以处于 400ns～数 ps 之间。

荧光可分为瞬时(prompt) 荧光(即一般所指的荧光) 和迟滞(delayed) 荧光。瞬时荧光是由激发过程最初生成的S激发态分子或S激发态分子与基态分子形成的激发态二聚体(excimer) 所产生的发射。这两种过程可分别表示如下

$$S_1 \longrightarrow S_0 + h\gamma$$

$$S_1 + S_0 \leftrightarrow (S_1 \cdot S_0)^* \longrightarrow 2S_0 + h\gamma$$

这两种过程所产生的荧光现象有所差别，后者的荧光光谱相对红移，且缺乏结构特征。某些物质在浓度较高的溶液中，可能观察到激发态二聚体的荧光现象。

在部分刚性的或黏稠的介质中，可以观察到磷光和迟滞荧光的现象。迟滞荧光发射的谱带波长与瞬时荧光的谱带波长相符，但其寿命却与磷光相似。迟滞荧光有以下三种类型。

① E型迟滞荧光：处于T态的分子经热活化后处于S态，再由S态辐射跃迁而发射荧光。此时，单重态与三重态处于热平衡，因而E型迟滞荧光的寿命与所伴随的磷光寿命相同。该过程表示如下

$$T_1 \xrightarrow{\text{热活化}} S_1 \rightarrow S_0 + h\gamma$$

② P型迟滞荧光：两个处于T态的分子相互作用(简称为“三重态-三重态粒子湮没”)，产生一个S态分子，再由S态发射的荧光。其过程可表示如下

$$T_1 + T_1 \longrightarrow S_1 + S_0$$

$$S_1 \longrightarrow S_0 + h\gamma$$

③ 复合荧光(recombination fluorescence)：由自由基离子和S态电子复合或具有相反电荷的两个自由基离子复合而产生的。

从比较荧光与激发光的波长这一角度出发，荧光又可分为斯托克斯(Stokes) 荧光、反斯托克斯荧光以及共振荧光。斯托克斯荧光的波长比激发光的长，反斯托克斯荧光的波长则比激发光的短，而共振荧光具有与激发光相同的波长。在溶液中观察到的通常是斯托克斯荧光。

7.2.2 荧光的激发光谱和发射光谱

激发光谱：固定荧光的发射波长(测定波长)，改变激发光(入射光) 的波长，所得到的荧光强度对激发波长的谱图。

发射光谱：固定激发光(入射光) 的波长和强度，测定荧光的波长，得到的荧光强度对发射波长的谱图。

激发光谱反映了在某一固定的发射波长下所测量的荧光强度对激发波长的依赖关系；发射光谱反映了在某一固定的激发波长下所测量的荧光波长分布。荧光激发光谱和发射光谱可用以鉴别荧光物质，并可作为进行荧光测定时选择合适的激发波长和测定波长的依据。

某种化合物的荧光激发光谱的形状，理论上应与其吸收光谱的形状相同，然而由于仪器特性的波长因素，表观激发光谱的形状与吸收光谱的形状大都有所差异，只有校正后的激发光谱才与吸收光谱非常相近。在化合物的浓度足够小时，对不同波长激发光的吸收正比于其吸光系数，且在荧光量子产率与激发波长无关的条件下，校正后的激发光谱在形状上与吸收光谱相同。

斯托克斯位移是指物质吸收光子能量与辐射光子能量的差值。在溶液的荧光光谱中，所观察到的荧光波长总是大于激发光波长，其差值即为斯托克斯位移。斯托克斯位移说明了在激发与发射之间存在着一定的能量损失。如激发态分子在发射荧光之前经历了振动松弛或/和内转化的过程而损失部分激发能。此外，溶剂效应也将加大斯托克斯位移现象。

部分物质的荧光发射光谱与吸收光谱之间存在着“镜像对称”关系。这是因为荧光发射通常是由处于第一电子激发单重态最低振动能级的激发态分子辐射跃迁而产生的，所以发射光谱的形状与基态中振动能级间的能量差情况有关，即图 7.2.1 中的 S_0 能级的谱线。而吸收光谱中的第一吸收带是由基态分子被激发到第一电子激发单重态的各个不同振动能级而引起的，而基态分子通常是处于最低振动能级的，因而第一吸收带的形状与第一电子激发单重态中振动能级的分布情况有关，即取决于图 7.2.1 中的 S_1 能级的谱线。此外，根据 Frank-condon 原理可知，如吸收光谱中某一振动带的跃迁概率大，则在发射光谱中该振动带的跃迁概率也大。

另外，当用 $\varepsilon(\nu)$-ν 和 $F(\nu)$-ν^3 分别表示吸收光谱和发射光谱时，两者之间会出现镜像对称关系。$\varepsilon(\nu)$ 表示波数 ν 的吸光系数，$F(\nu)$ 表示在波数增量 $\Delta\nu$ 范围内的相对光子通量。尽管会出现镜像对称，但两者的峰波长并不重合，发射光谱的 0-0 带略向长波长方向移动。其原因是激发态的电子分布与基态不同，它们的永久偶极矩和极化率也有所不同。室温下，溶液中的溶剂分子在吸光过程中来不及重新取向，因此分子在激发后的瞬间仍是处于一种比平衡条件下具有稍高能量的溶剂化状态。在荧光发射之前，分子将有时间松弛到能量较低的平衡构型。

荧光量子产率(Y_f)：为荧光物质吸光后所发射的荧光光子数与所吸收的激发光光子数的比值。由于存在非辐射跃迁，故荧光量子产率的数值小于 1。

荧光能量产率(Y_a)：为荧光所发射的能量与所吸收的能量的比值。由于存在斯托克斯位移现象，故荧光能量产率也总是小于 1。

荧光量子效率：为发射荧光激发电子态的分子比例。

任何能影响激发态分子光物理过程速率常数的因素，都将使荧光的寿命和量子产率发生变化。例如，温度的升高会导致非辐射跃迁过程的速率常数增大，从而使荧光的寿命和量子产率下降；具有重原子的分子，通常具有较大的 $S_1 \rightarrow T_1$ 系间窜越速率常数，从而使荧光的寿命缩短，量子产率下降。

7.2.3 有机化合物的荧光

（1）发射荧光的分子轨道

荧光的发生与吸光结构密切相关，由分子的电子结构所决定，即分子的键合。

a. σ 键：两个原子核的连线中间，由电子云重叠而形成的化学键称为 σ 键，可容纳两个电子。σ 键可分为共价键和配位键两种，共价键的两个电子分别来自两个原子，配位键两个电子来自同一原子，而后由两个原子共享。当电子云集中于其中一个原子时称为极性共价键。σ 键的电子云多集中于两原子之间，结合较牢。要使电子激发到空的反键轨道上，需要极大的能量，其电子跃迁发生在紫外区(波长小于 20nm)。

b. π 键：两个原子的 p 轨道发生电子云重叠而形成的共价键称为 π 键。它可在分子中自由移动，且常常分布于若干原子之间，这种电子称为离域 π 电子，π 轨道称为离域轨道。π 键的电子跃迁所产生的吸收光谱位于紫外区或近紫外区；有共轭 π 键的分子，当共轭度较大时，光谱位于可见光区或近红外区。

c. 未成键的 n 电子：有些元素的原子，其外层电子数多于 4(例如 N、O 和 S)，它们在化合物中往往有未参与成键的价电子，这些电子称为 n 电子。因为 n 电子的能量比 σ 电子和 π 电子的都高，因此，在考虑电子光谱时，应该首先考虑 $n\rightarrow\pi^*$ 跃迁和 $n\rightarrow\sigma^*$ 跃迁。

d. 配位共价键：当分子中的 n 电子遇到合适的接受体时，其电子可能与接受体的空轨道形成配位共价键。

e. 反键轨道：用“*”表示反键。相同原子相遇时能级发生分裂，低的能级为成键，高的能级为反键。内层电子的电子云重合较多，能级分裂较大；反之，外层电子的轨道分裂较小。

f. 轨道及状态：分子的电子激发态，分子一旦吸收光子，其价电子(或 n 电子）就从基态分子中已被占据的轨道激发到基态未被占据的轨道上去。每个分子都有几个未被占据的轨道，所以每个分子都可能存在着几种电子激发态。分子中每个电子态都以电荷的特殊分布来表征，因此，这也就意味着激发态分子的偶极矩通常不同于基态的偶极矩，而偶极矩的差异会影响吸收光谱或发射光谱。

（2）荧光体的特征

要使荧光体发射强的荧光，物质往往需具备如下特征：

a. 具有大的共轭 π 键结构；

b. 具有刚性的平面结构；

c. 取代基团为给电子取代基；

d. 具有最低的单线电子激发态，S 为 π-π^* 型。

具体讨论如下。

1）共轭 π 键体系　发荧光(或磷光）的物质，其分子都含有共轭双键(π 键）体系。

共轭体系越大，离域 π 电子越容易激发。大部分荧光物质都具有芳环或杂环，芳环越大，其荧光峰越移向长波长方向，且荧光强度往往也较强。线型环结构物质的荧光波长比非线性要长。例如蒽和菲，其共轭环数相同，前者为线型环结构，后者为“角”型结构，前者荧光峰位于 400nm，后者位于 350nm。

2）刚性平面结构　荧光效率高的荧光体，其分子多是平面构型且具有一定的刚性，例如荧光黄(荧光素）呈平面构型，是强荧光物质。萘和维生素 A 都具有 5 个共轭 π 键，前者为平面结构，后者为非刚性结构，萘的荧光强度为维生素 A 的 5 倍。

3）取代基的影响　取代基(尤其是发色基团）的性质对荧光体的荧光特性和强度均有强烈的影响。芳烃和杂环化合物的荧光光谱和荧光产率常随取代基而变，取代基对荧光体的激发光谱、发射光谱和荧光效率的影响规律和机理，是人们甚为关注的领域。

a. 给电子取代基。给电子取代基有—NH_2、—NHR、—NR_2、—OH、—OR、—CN，其激发态常由环外的羟基或氨基上的 n 电子激发转移到环上而产生。这类化合物的吸收光谱与发射光谱的波长，都比无取代基的芳族化合物波长长，荧光效率也提高了很多。

b. 吸电子取代基。这类取代基取代的荧光体，其荧光强度一般都会减弱。属于这类取代基的有羰基类(C—，COOH，—C ═O)、硝基类 N(2）和重氮类。这类取代基也都含有 n 电子，但其 n 电子的电子云并不与芳环上的 π 电子云共平面，不像给电子基团那样与芳环共享共轭 π 键且能扩大其共轭 π 键。这类化合物的 n→π 跃迁属于禁阻跃迁，摩尔吸光系数很小(约为 10^2)，最低单线激发态 S 为 n-π_1^* 型，$S_1 \rightarrow T_1$ 的系间窜越强烈，因而荧光强度都很弱。

c. 取代基的位置。取代基位置对芳烃荧光的影响通常为：邻位、对位取代增强荧光，间位取代抑制荧光，—CN 取代例外(—CN 取代的芳烃一般都有荧光)。随着芳烃共轭体系的增大，取代基的影响相应减小，两种性质不同的取代基共存时，可能其中一个取代基起主导作用。

d. 重原子的取代。重原子一般指的是卤素(Cl、Br 和 I)，重原子取代后荧光减弱。被卤素取代的芳烃，其荧光强度随卤素原子量增加而减弱，这种效应通称为“重原子效应”。其原理是：重原子使荧光体中的电子自旋-轨道偶合作用加强，$S_1 \rightarrow T_1$ 的系间窜越显著增加，导致荧光强度减弱。但是，氟取代的芳烃，其荧光强度比原芳烃弱，而 $S_1 \rightarrow T_1$ 系间窜越并没有明显提高，显然氟的取代主要是提高了非发光的 $S_1 \rightarrow S_0$ 的内转换过程。

4）最低单线激发态 S_1 的性质

a. 最低单线激发态 S_1 为 π-π^* 型。主要为不含杂原子(N、O、S 等）的有机荧光体。其特点是：最低单线电子激发态 S 为 π-π^* 型，即 π→π^* 跃迁；属于电子自旋允许的跃迁，摩尔吸光系数大，约为 10^4，比 n→π 或 n→σ_1^* 型跃迁大百倍以上，导致了强烈的光吸收，从而发射强荧光。只有强吸收光才有可能发强荧光。

b. 最低单线激发态 S_1 为 n-π^* 型。含杂原子(N、O、S 等)的有机物都有未键合的 n 电子，属于此类。其特点是：最低单线激发态 S 为 n，π^* 型，即 n→π^* 跃迁；属于电子自旋禁阻跃迁，摩尔吸光系数小，约为 10^2。因其分子 $S_1 \rightarrow T_1$ 系间窜越强烈。

7.2.4 无机物的荧光

(1) 镧系元素

镧系元素三价离子的无机盐和磷光晶体都会发光，这些元素有 Ce、Pr、Nd、Pm、Sm、Eu、Gd、Tb 和 Dy 等。其中，含 Ce(Ⅲ)、Pr(Ⅲ) 和 Nd(Ⅲ) 元素的盐发射宽谱带光谱，属于电子从 5d 层向 4f 层跃迁的发射；而 Sm(Ⅲ)、Eu(Ⅲ)、Tb(Ⅲ) 和 Dy(Ⅲ) 盐发射线状光谱，属于 4f 层电子跃迁的发射。在磷光晶体中，Ce(Ⅲ) ～Yb(Ⅲ) 诸元素会发射线状光谱，属于 f 层电子的跃迁。Ce(Ⅲ) 的磷光体发射光谱位于近红外区，而 Gd(Ⅲ) 的磷光体发射光谱却位于紫外区。

磷光晶体的发光与下述的吸收谱带被激发有关，这些吸收谱带为：

① 允许的 4f5d 跃迁，这类元素为 Ce(Ⅲ) 和 Tb(Ⅲ)。

② 4f 层内的禁带跃迁，这类元素为 Nd(Ⅲ)、Dy(Ⅲ)、Ho(Ⅲ)、Eu(Ⅲ) 和 Tu(Ⅲ)。

③ 由 O^{2-} 基团到镧系离子的电荷转移。

④ 由基体的 VO_4^{3-}、NbO_4^{3-} 和 Mo_3^{3-} 基团到镧系离子的电荷转移。

磷光晶体中，痕量活化剂杂质的存在对其发光强度有抑制作用。该效应已用于荧光分析，用来测定某些非发光离子，例如用 $BaSO_4 \cdot Eu$ 的发光来测定 PO_4^{3-}，以及用 $CaF_2 \cdot Fr$ 的发光来测定 Y(Ⅲ)、La(Ⅲ) 和 Gd(Ⅲ) 等镧系元素。

(2) 类汞离子

此类离子有 Tl(Ⅰ)、Sn(Ⅱ)、Pb(Ⅱ)、As(Ⅲ)、Sb(Ⅲ)、Bi(Ⅲ)、Se(Ⅳ) 和 Te(Ⅳ)，它们具有与汞原子相似的电子层结构，即 $1s^2 \cdots np^6 nd^{10} (n+1) s^2$。在固化的碱金属卤化物(或氧化物) 溶液中，它们的磷光体都会发磷光。室温时，Tl(Ⅰ)、Sn(Ⅱ) 和 Pb(Ⅱ) 的卤素配合物磷光较弱，低温时，其磷光转为强烈。As(Ⅲ)、Sb(Ⅲ)、Bi(Ⅲ)、Se(Ⅳ) 等的卤素配合物，仅在冷冻时才能观测到磷光。由大量的实验得知，这类发光体的吸光中心和磷光中心都是类汞离子，它们的能级受介质的作用而变形，卤化物中离子的能级比晶体中相互更加靠近，但结果吸收光谱红移不明显，而磷光有较大的红移。吸收光谱由短波长区的一个宽谱带($^1S_0 \rightarrow ^1P_1$ 跃迁) 和长波长区的三个分辨率较差的谱带($^1S_0 \rightarrow ^3P_{0,1,2}$) 组成。根据选择规则，最大可能的跃迁是 $^3P_{0,1} \rightarrow ^1S_0$ 的跃迁。

(3) 铬

铬具有 $1s^2 \cdots 3p^6 3d^3$ 的电子构型，它与无机或有机配体所形成的配合物，固态、溶液都会发光。铬配合物的发光强度与温度 T 有密切关系，一般温度要降至 4K，其温度猝灭作用才停止。

7.2.5 二元配合物的荧光

大多数无机盐类的金属离子与溶剂之间的相互作用很强烈，使激发态的分子或离子的能量因分子碰撞发生去活化作用，以非辐射的方式返回基态，或发生光化学作用，因而在紫外光或可见光激发下发荧光者很少。不发荧光的无机离子与有吸光结构的有机试剂发生配合，能生成发荧光的配合物。

金属离子与有机配体所形成的配合物发光能力，与金属离子及有机配体的结构特性相关。金属离子可分为三类：第一类离子(Al、Ga、In、Tl) 的外电子层具有与惰性气体相同的结构，为抗磁性的离子，它们与含有芳基的有机配体形成配合物时多数会发出较强的荧光。因为这类离子与有机配体配合时，会使原来有机配体的单线最低电子激发态 S_1 由 $n\text{-}\pi_1^*$ 能层转变为 $\pi\text{-}\pi_1^*$ 能层，并使原来的非刚性平面构型转变为刚性的平面构型，使原来不发荧光(或发弱荧光) 的有机配体转变为发强荧光。此类配合物的荧光强度随金属离子的原子量增加而减弱，吸收峰和发射峰也相应向长波长方向移动，此类配合物是由配体L吸光和发光，故称为 $L^* \rightarrow L$ 发光。

第二类金属离子也具有与惰性气体相同的外层电子结构和抗磁性，然而其次外电子层为含有未充满电子的 f 层。这类金属离子会产生 $f \rightarrow f^*$ 吸光跃迁，也会产生 $f^* \rightarrow f$ 发光跃迁，但都较微弱。但当它们与有机配体生成二元配合物后，由于 f 能层多在配体最低单线态 S_1 的 π，$\pi_1{}^*$ 能层下方，因此，被激发的有机配体能量可能转移给金属离子 m 而产生金属离子激发态 m^* ($m \rightarrow m^*$ 跃迁)，然后由激发态金属离子 m^* 返回基态离子 m 而产生 $m^* \rightarrow m$ 发光。这类发光通称为 $m^* \rightarrow m$ 发光，Tb^{3+}、Eu^{3+}、Sm^{3+} 和 Gd^{3+} 等属于此类金属离子。

第三类金属离子为过渡金属离子，它们与有机配体所生成的配合物大多不发荧光。目前有两种解释：一是认为它们是顺磁性物质，可能产生可逆性的电荷转移作用而导致荧光猝灭；二是认为顺磁性和过渡金属的重原子效应引起电子自旋-轨道耦合作用，使激发态分子由单线态转入三线态，而后通过内转换去活化。

7.2.6 原理应用——OLED 的三线激发发光

近十几年来，有机电致发光引起了人们极大的关注，其主要应用在显示与照明方面。尽管 Destriau 早在 1936 年就观察到了电致发光现象，1963 年观察到了有机蓝光发射，1987 年制作出了三明治有机双层薄膜电致发光器件，发光效率为 1.51m/W，1990 年制备出了低电压下 PPV 电致发光二极管(OLED)，但近三十多年才真正走上应用的道路。OLED 的器件原理如图 7.2.2 所示。

OLED 器件是将电转换为光的器件，其效率用量子效率表示，为发射出的光数与流入载流子数的比例，如图 7.2.2 所示。具体又分为内量子效率和外量子效率，内量子效率是内发光数与流入发光层的载流子数的比例，主要研究在发光过程中如何减小载流子的损耗；外量子效率是发射出的光数与发光层内发光数的比例，是 OLED 器件性能的主要指标。

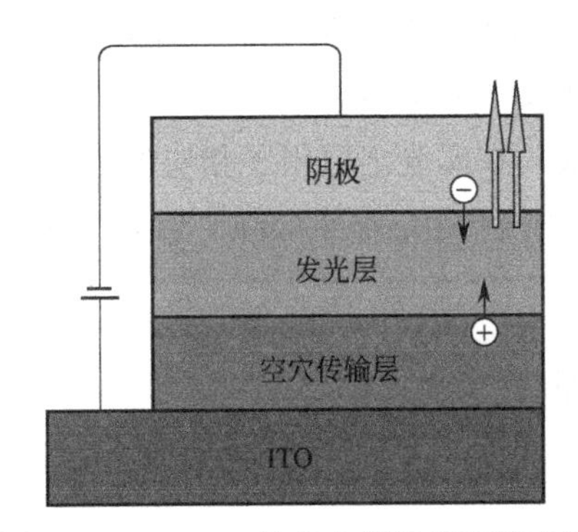

图 7.2.2 OLED 的发光器件原理示意图

对有机发光材料的认识是逐步深入的，是在理论与实验两个方面相互补充而发展起来的。认识有机发光材料首先需要了解它所涉及的基本概念“激子”。

固体内有价带和导带。电子在价带是完全被束缚的，电子跃迁到导带是完全自由的，可以传导电荷。还有一种情况介于两者之间：在导带底的下面，禁带中间，会存在分立的能级，距离导带底的下面 $-E_1/n^2$，最低能级为 E_c-E_1，为激子基态，表示为 S_1。激子是电子从价带激发，由于能量不足以到达导带，不能完全摆脱原子核的束缚，最终形成了电中性的弱束缚态电子-空穴对。电子可以离开原子一定距离，受到刺激后可以上升到导带或者返回到价带。在激子返回到原来价带的过程中，会伴随发光，称为激子发光。在有机发光材料中，公认为有两种激子能级：单线态的 S 激子和三线态的 T 激子。

激子的发光与荧光的机理相同，其能级也分为图 7.2.1 中的 S_0 基态、S_1 单线态的最低能级和 T_1 三线态能级。由于自旋作用 T_1 三线态能级略低于 S_1 能级，因为洪特（Hund）规则规定：自旋相同的两个电子间的排斥力要小于两个自旋相反的电子间的排斥力。T_1 能级上的电子自旋相同，所以 T_1 能级比 S_1 能级低。当电子被激发后，会先到达 S_1 能级［洪特(Hund）规则］，再通过系间窜越到达 T_1 能级。电子从 $S_0 \rightarrow S_1$ 为光吸收；$S_1 \rightarrow S_0$ 为荧光；$T_1 \rightarrow S_0$ 为磷光。

在 OLED 器件中，激子在单线态和三线态的比例为 1∶3。由于电子在 T_1 态的自旋方向与 S_0 态的自旋方向相反，不能直接跃迁产生荧光，即 75％的三线态激子没有被利用。考虑内量子效率和外量子效率，器件的电致发光效率理论上只有 5％。

为了达到高效率发光的目的，首先需要理论工作的突破：

思路①：通过物理的思想，改变电子自旋方向使其发光。通过掺杂稀有贵金属铱、铂、钌等，改变 T_1 态的电子自旋方向，利用金属配合物中重金属原子的自旋-轨道耦合效应，使自旋受阻的三线态激子发光，产生磷光。当磷光的发光范围处于可见光区范围内时，可以制成理论上内量子效率达 100％的器件。

思路②：减小 S_1 态与 T_1 态的能级间距，产生反系间窜越的电荷转移，让三线态 T_1

态激子回到 S_1 态而发光，称为热活性延迟荧光(TADF)。日本学者在此领域取得了突破性的研究成果。

思路③：当 S_1 态与 T_1 态的能级间距很大时，利用 T_1 态的激子间相互作用，产生高能量的单线态激子，称为P型延迟荧光。

基于上述理论工作的突破，在实验上取得了相应的进展，特别是利用思路①，解决了量子效率的问题，制成了PLED的磷光器件材料，并被广泛应用。

7.3 手性材料的测量方法

7.3.1 圆偏振光的概念

圆偏振光的振动方向在传播面上是旋转的，如图7.3.1所示。

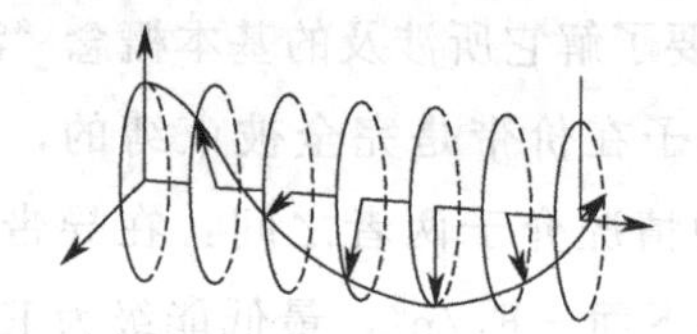

图7.3.1 圆偏振光的传播方式

自然光是含有多种波长并在垂直于传播方向的平面内沿各个方向振动的射线。如果让自然光通过一个平面偏振片(Nicol棱镜)，只有那些振动方向和棱镜晶轴平行的射线才能通过，通过后的光为平面偏振光，是由两个振幅和速度相同而螺旋前进方向相反的圆偏振成分叠加而成的。一般规定若光沿OE方向传播，从E点向O点看去，螺旋前进方向是顺时针时，称为右圆偏振光；螺旋前进方向是逆时针时，称为左圆偏振光(图7.3.2)。

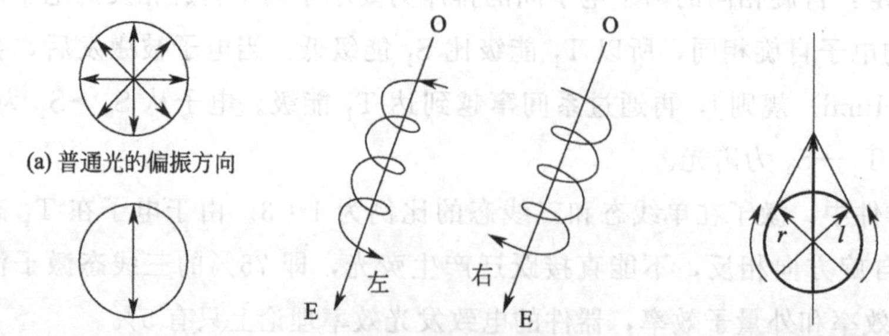

图7.3.2 普通光、平面偏振光、螺旋偏振光和单方向平面偏振光

由于左右圆偏振光的振幅和速度相同且互为镜像，两个振动向量的矢量和始终指向同一点，所以在传播过程中的任何时刻，由它们叠加而成的平面光振动方向始终不变［图7.3.2（d）］。

7.3.2 圆偏振光的实现方式

当平面偏振光通过介质时，若两种偏振光的传播速度相同，即折射率相同，则入射光的振动方向不变，该介质称为非活性或非手性介质；若两种偏振光的传播速度不同，即折射率不同，由它们叠加产生的偏振光的振动方向也会改变，该介质称为活性或手性介质。振动平面在通过介质后旋转了一个角度 α，这个现象叫作旋光，α 称为旋光度，其表达方式为：

$$\alpha=\frac{\pi}{\lambda}(n_{\mathrm{l}}-n_{\mathrm{r}})=\frac{\pi}{\lambda}\Delta n$$

式中，λ 为入射光的波长；n_{l} 和 n_{r} 分别为左圆偏振光和右圆偏振光的折射率。

可用双折射波片改变偏振光的性质。波片将经过的偏振光分解为垂直和平行于光轴方向且折射率相差较大的 o 光和 e 光，通过设计晶片的厚度，可使两束出射光的相位差一定。如自然光先通过线偏振片后，再通过波片。其中，1/4 波片将两束光的相位变为 2π/4，线偏振光变为圆偏振光；1/2 波片将左旋偏振光转变为右旋偏振光。

7.3.3 圆偏振光的测量方法

旋光是最早出现并用得最广泛的一种研究手性体系的光学方法。可用旋光散射（optical rotatory dispersion，简称 ORD）和圆二色性（circular dichroism，简称 CD）测试方法研究分子的立体化学和电子结构。在热平衡状态下，这些技术可以得到以电子基态为特征的分子构型（configuration）和构象（conformation）。因此，ORD 和 CD 只能作为分子基态结构的探针。

圆二色发光光谱（circularly dichroism luminescence spectrum，CDLS）用于研究手性发光体系的发射态结构特征，其测量方法如下。

（1）旋光光谱法

考查 Δn—λ（或 α—λ）关系的方法称为旋光光谱法。

（2）圆二色法

如果光学活性介质含有生色基团，对特定波长的入射光有吸收，则当射线通过介质时不仅左右圆偏振光的速度不同，而且振幅也不同（由介质对左右圆偏振光的吸收能力不同，即吸收系数不同引起）。在这种情况下，不同时刻两圆偏振光的合量不再在平面上移动，而是循着一个椭圆的轨迹移动。也就是说，由速度不同、振幅也不同的左右圆偏振光叠加产生的不再是平面偏振光，而是椭圆偏振光。这个现象叫做圆二色，这样的介质被认为具有圆二色性。用 $[\theta]$ 表示圆二色性，其表达式为：$[\theta]=3300(\varepsilon_{\mathrm{l}}-\varepsilon_{\mathrm{r}})=3300\Delta\varepsilon$。

ε_{l} 和 ε_{r} 分别是左右圆偏振光的克分子吸收系数。圆二色实际上是考查吸收系数差随波长的变化，从而得知有关分子结构的信息。

(3) 圆偏振发光(CPL)

在圆二色的基础上，人们发现手性发光体系发射出的左右圆偏振光强度不同，这种现象称为圆偏振发光(CPL)。通常以发射的左右圆偏振光的强度差 $\Delta I = I_l - I_r$ 作为圆偏振发光的量度。1967 年 Emeis 等定义了发光不对称因子 g_{lum} 和吸收不对称因子 g_{abs}：

$$g_{lum}=\frac{\Delta I}{(I_l+I_r)/2}, \quad g_{abs}=\frac{\Delta\varepsilon}{\varepsilon}$$

发光不对称因子可由圆偏振发光光谱测量得到，而吸收不对称因子可由圆二色光谱测量得到。前者是激发态手性的度量；后者是基态手性的度量。

(4) 磁圆二色(MCD) 和磁圆偏振发光(MCPL)

任何物质无论有无手性，只要放在与光传播方向相同的磁场中，都会在它们的吸收范围内呈现圆二色，这种现象称为磁圆二色(magnetic circular dichroism，简称 MCD)。

原子中任一简并轨道(如 p、d、f 等轨道) 的各个成分都具有不同的角动量。没有外加磁场时，它们的能量相同。外加磁场会使激发态的轨道产生能级分裂(Zeeman 分裂)，如 p 轨道产生 3 个能量不同的能级，从高到低为：p_+、p_0、p_-。当电子从基态 s 激发到 p 态时，其中 s 到 p_0 态的跃迁是被禁止的。由于跃迁 $s \rightarrow p_+$ 对右圆偏振光敏感，跃迁 $s \rightarrow p_-$ 对左圆偏振光灵敏感，分别测量左右圆偏振光，得到 Zeeman 分裂的吸收系数差，即可得到 MCD 的测量结果。

同理，在磁场中非手性物质的荧光带也会分裂出强度不同的左右圆偏振光，从而可在 CPL 光谱上观察到 ΔI，而且不同的跃迁产生不同的图像，由此得到 MCPL 的测量结果。

参考文献

[1] 陈国珍．荧光分析法．2 版 [M]．北京：科学出版社，1990.

[2] 慈云祥．生命科学中的荧光光谱分析 [M]．北京：科学出版社，1991.

第8章

元激发与光吸收原理

8.1 元激发原理

在固体中，杂质、缺陷和外界条件（如温度和辐射）会影响固体中原子和电子的集体运动，使其处于具有一定能量的激发态，该激发态由基本的激发单元组成，具有确定的能量量子和相应的准动量，即具有量子特性，这些激发单元称为元激发。声子、激子、极化子、等离子体振荡量子均为元激发[1]。

8.1.1 激子原理

对于介电晶体和半导体，当入射光的频率 $\nu>\nu_0$ 时，入射光子的能量 $h\nu$ 大于禁带宽度 E_g，光的吸收使得价带中的电子被激发到导带，同时，价带出现空穴，这相当于某个原子被离化的情形。这时，所出现的电子和空穴是自由的，可以在电场的作用下进行移动，构成光电导。但是，当入射光的频率 $\nu<\nu_0$ 时，即入射光子的能量小于禁带宽度 E_g 时，光子的能量不足以把电子从价带激发到导带，且若所讨论的晶体理想完整并无杂质或缺陷能级，这时的光吸收只能把电子激发到禁带中某个能级上，在低温情况下，这些状态是较为稳定的，这种光吸收不会产生光电导。总之，实验中发现了低于禁带宽度且稳定的光吸收，为解释此现象，人们提出了激子的概念：禁带中存在一些激发态，当 $h\nu<E_g$ 时，入射光有可能从晶体中某些原子上激发出电子，同时在该原子处留下空穴，形成电子-空穴对，在强烈作用下，它们形成一个系统，称为激子。这种激子形成的激发态是定域的，也以波的形式传播，称为激发波。由于是电中性的，所以激子的运动不伴随电导。

在图 8.1.1 中，取价带顶处的能量为 $E=0$，则激子能级为形成激子时电子跃迁所需要的能量，即所在的能级与 $E=0$ 的差。而激子结合能 E_{ex} 的含义是激子电离时电子跃迁到导带所需要的能量。

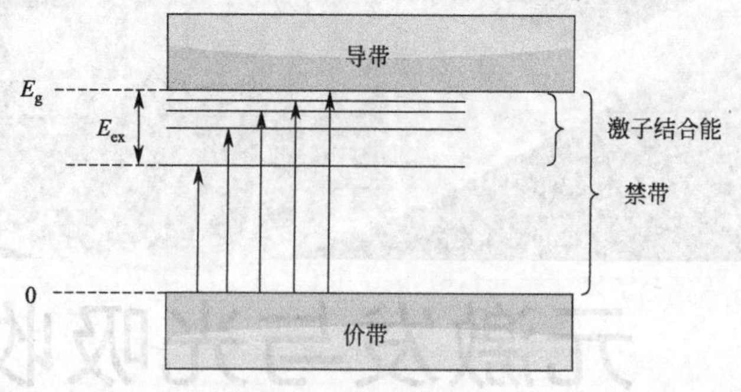

图 8.1.1　激子的能态

由于激子态是吸收了光的能量而形成的，当激子中的电子和空穴复合时，能量也以光的形式释放出来。因此，在激子的运动过程中，它把能量从晶体的一处输运到另一处，然后电子和空穴复合发光。当激子的尺寸只有晶格常数的大小时，为强烈作用的弗仑克尔激子，或称为紧束缚激子，可以用紧束缚的方法求解为指数或余弦函数的形式；当激子的尺寸远大于晶格常数时，为松束缚激子，或称瓦尼尔激子。松束缚激子的能级接近导带底，电子易被激发到导带。利用类氢模型，可以算出松束缚激子的能级为：

$$E^{(n)}=E_g-\frac{m_r e^4}{8n^2h^2\varepsilon^2\varepsilon_0^2},\quad n=1,2,3,\ldots,\quad m_r=\frac{m_e m_h}{m_e+m_h}$$

式中，$n=1$ 为激子的基态；$n=2$，3 分别为激子的第一、第二激发态。

激子的结合能 E_{ex} 表述为：$E_{ex}=\left(\frac{e^4}{8h^2\varepsilon_0^2}\right)\left(\frac{m_r}{\varepsilon^2}\right)$

激子也具有电子的自旋运动状态，也要服从电子跃迁的选择定则。如在 Cu_2O 中，电子不能从价带跃迁到激子的 $n=1$ 基态，即被跃迁禁阻所限，只能跃迁到 $n=2$ 及以上的能级。

8.1.2 等离子振荡原理

在金属中，价电子为整个晶格所共有，形成费米电子气，而离子实际处于晶格的格点上。此时，正负电荷浓度都非常高，为正负电荷相等或几乎相等的一种体系，称为等离子体。电子在等离子体中运动时，由于受到正离子的引力，总是不断地振荡着。这一过程可以理解为由于质量差，正离子几乎不动，而电子由于具有一定的速度，会在离子所形成的能谷之间来回振荡。

等离子体的概率来源于低密度的高温气体放电，粒子间的作用很弱。而金属中形成的等离子体振荡是在常温高密度（$10^{29}\ m^{-3}$）的金属中，处于相互作用强烈的量子体系中。

在此量子体系中，电子气的势函数为：$\varphi(r)=\left(\frac{1}{4\pi\varepsilon_0 r}\right)e^{-k_B r}$

式中，第一项为电荷 q 所产生的库仑势；第二项为指数项 $e^{-k_B r}$，是衰减函数，表示振荡的电子气对电荷 q 的屏蔽作用。总的势函数表示为屏蔽作用下的库仑势。

上述结论曾经被用来解释合金的剩余电阻现象。用高价的 Zn、Ge、As 原子取代一价的 Cu 原子时，每个原子多提供的电子在导带中运动似乎应该使电阻率降低，实际上，合金的电阻率增加了，这是由于附加的电子产生了更大的屏蔽作用。经过计算表明，电子气的振荡频率为：

$$\omega_p=\frac{ne^2}{m\varepsilon_0}$$

式中，n 为金属的电子密度。一般金属中等离子体振荡量子的频率为 2×10^{16}，相当于能量为 12eV。而在 300K 的室温下，能量为 0.026eV。所以，热激发不足以引起金属中的等离子体振荡。

(1) 表面等离极化激元

表面等离极化激元是一种在金属-电介质或金属-空气界面上传播的处于红外光或可见光波段的电磁波[2]。即表面等离极化激元是一种表面波，如同光在光纤中传播一样。生物物质与金结合可以形成表面等离子体波，并对入射光有固定波长的共振吸收，其吸收光波的折射率与金表面所结合的分子质量成正比。表面等离极化激元已经在光吸收和生物成分检测方面有了广泛的应用。

(2) 等离子波

当金属受电磁干扰时，金属内部的电子密度分布会变得不均匀，这种不均匀会形成一种整个电子系统的集体振荡，称为等离子波。

等离子体在金属的光学性质中发挥着重要的作用。当光的频率低于等离子体振荡频率时，则会被反射，因为金属中的电子屏蔽了光的电场；若光的频率高于等离子体振荡频率时，则会发生透射，因为电子响应得较慢而不能屏蔽光的电场。在大多数的金属中，等离子体振荡频率接近紫外光的频率，反射了可见光使它们看起来很闪亮。然而，当照射到金属表面被全反射的光波与表面等离子波的频率相近时，可能会发生共振，能量从光子转移到表面等离子，入射光的大部分能量被表面等离子波吸收，使反射光的能量急剧减少，反射光的强度极大地下降。与此相反，入射光的强度增大并形成有一定折射率的峰。

(3) 纳米等离子共振效应

由于贵金属纳米粒子的尺寸效应及量子效应，通过激发光照射能引起纳米等离子共振，从而大大增强拉曼散射信号。金、银等纳米粒子对紫外光有明显的本征等离子共振特征峰（具体应用见第 6 章）。当紫外光照射时，纳米等离子共振效应能够强烈吸收光照，共振效应的能量激发低能级电子跃迁到导带，从而产生导带电子，极大地增强光伏效应，促进高能量的光吸收。反之，贵金属(如金和银）可以在一些半导体(如硅）材料中产生深能级，起间接复合作用，促进载流子的复合，时间在 1ns 数量级，极大地缩短载流子的平均自由程，使光伏效应失效。

8.2 固体中的光吸收

光通过固体时光强度减弱，其原因是一部分光的能量被固体吸收了。而对固体施加外界作用，如加电磁场等激发，固体有时会产生发光现象。这里涉及两个相反的过程：光吸收和光发射。

光吸收是光通过固体时，与固体中存在的电子、激子、晶格振动及杂质和缺陷等相互作用而产生光的吸收。光发射是固体吸收外界能量，其中一部分能量以可见光或接近于可见光的形式发射出来。

本章用基本的物理原理描述固体光学性质的若干参数及相互间的关系，然后介绍几种主要的光吸收过程，最后介绍固体发光的一些基础知识。

8.2.1 固体光学常数间的基本关系

吸收系数：当光通过固体时，光的强度被削弱，这一衰减现象称为光吸收。固体的光学性质可用折射率 n 和消光系数 κ 描述，它们分别是复数折射率 n_c 的实部和虚部：

$$n_c = n + i\kappa \tag{8.2.1}$$

当角频率为 ω 的平面电磁波射入固体，并沿固体中某一方向（x 轴）传播时，电场强度 E 为：

$$E = E_0 \exp\left[i\omega\left(\frac{x}{v} - t\right)\right] \tag{8.2.2}$$

式中，v 为波在固体中的波速。而 v 与复数折射率有如下关系：

$$v = c/n_c \tag{8.2.3}$$

式中，c 为光速。由式(8.2.1)、式(8.2.2) 和式(8.2.3) 可得到：

$$E = E_0 \exp(-i\omega t)\exp(i\omega \frac{\kappa n}{c})\exp(-\omega \frac{x\kappa}{c}) \tag{8.2.4}$$

式(8.2.4) 最后一项为衰减因子。光强：$I \propto |E|^2 = EE^*$，于是：

$$I(x) = I(0)\exp(-\alpha x) \tag{8.2.5}$$

其中：

$$\alpha = \frac{2\omega\kappa}{c} = \frac{4\pi\kappa}{\lambda_0} \tag{8.2.6}$$

α 为吸收系数。而 $I(0) = E_0^2$（注：自由空间中 $\omega = 2\pi f = 2\pi \frac{c}{\lambda_0}$）。

8.2.2 电介质、金属和半导体的光吸收原理

当电磁波在一种磁导率系数为 μ，介电系数为 ε 和电导率为 σ 的各向同性介质中传播时，矩阵形式的电场 $\boldsymbol{E}$ 和磁场 $\boldsymbol{H}$ 的 Maxwell 方程组可写为：

$$\begin{cases}\nabla\times E=-\mu\mu_0\dfrac{\partial H}{\partial t}\\ \nabla\times H=\sigma E+\varepsilon\varepsilon_0\dfrac{\partial E}{\partial t}\\ \nabla\cdot H=0\\ \nabla\cdot E=0\end{cases}$$

求解波动方程，其中用到矢量运算法则，$\nabla\times\nabla\times F=\nabla(\nabla\cdot F)-\nabla^2 F$。

因$\nabla\cdot E=0$，则$\nabla\times\nabla\times E=-\mu\mu_0\dfrac{\partial(\nabla\times H)}{\partial t}$。设该电磁波沿 x 方向传播，矩阵形式的电场转变为标量：

$$\frac{\mathrm{d}^2E}{\mathrm{d}x^2}=\mu\mu_0\sigma\frac{\mathrm{d}E}{\mathrm{d}t}+\mu\mu_0\varepsilon\varepsilon_0\frac{\mathrm{d}^2E}{\mathrm{d}t^2}\tag{8.2.7}$$

取 $E=E_0\exp\left[i\omega\left(\dfrac{x}{v}-t\right)\right]$，于是得：

$$-\frac{\omega^2}{v^2}=-i\omega\mu\mu_0\sigma-\omega^2\mu\mu_0\varepsilon\varepsilon_0\tag{8.2.8a}$$

$$\frac{1}{v^2}=\mu\mu_0\varepsilon\varepsilon_0+i\frac{\mu\mu_0\sigma}{\omega}\tag{8.2.8b}$$

仅考虑非磁性材料，因此它们的磁导率系数接近于真空的情形，即 $\mu=1$。因此：

$$\frac{1}{v^2}=\frac{\varepsilon}{c^2}+i\frac{1}{c^2}\left(\frac{\sigma}{\varepsilon_0\omega}\right)\tag{8.2.9}$$

其中用到 $c=1/\sqrt{\mu_0\varepsilon_0}$。又因为 $v=c/n_c$，$\dfrac{1}{v^2}=\dfrac{n_c^2}{c^2}=\dfrac{(n+i\kappa)^2}{c^2}=\dfrac{1}{c^2}(n^2-\kappa^2+2in\kappa)$，与式(8.2.9) 比较得：

$$n^2-\kappa^2=\varepsilon\tag{8.2.10a}$$

$$2n\kappa=\frac{\sigma}{\omega\varepsilon_0}\tag{8.2.10b}$$

解上式可得：

$$n^2=\frac{1}{2}\varepsilon\left\{\left[1+\left(\frac{\sigma}{\omega\varepsilon\varepsilon_0}\right)^2\right]^{1/2}+1\right\}\tag{8.2.11a}$$

$$\kappa^2=\frac{1}{2}\varepsilon\left\{\left[1+\left(\frac{\sigma}{\omega\varepsilon\varepsilon_0}\right)^2\right]^{1/2}-1\right\}\tag{8.2.11b}$$

电介质材料的导电能力很差，$\sigma\rightarrow0$，因而折射率 $n\rightarrow\sqrt{\varepsilon}$，消光系数 $\kappa\rightarrow0$，材料是透明的。金属材料的 σ 很大，即 $\varepsilon^2<<\left(\dfrac{\sigma}{\varepsilon_0\omega}\right)^2$，$\left(\dfrac{\sigma}{\omega\varepsilon\varepsilon_0}\right)^2>>1$。取极限 $n=\kappa=\sqrt{\dfrac{\sigma}{2\omega\varepsilon_0}}=\sqrt{\dfrac{\sigma}{4\pi\nu\varepsilon_0}}$，$\nu$ 为电磁波频率。

而 $I(x)=I(0)\exp(-\alpha x)$，$\alpha=4\pi\kappa/\lambda_0$，当透入距离 $x=d_1=1/\alpha=\lambda_0/4\pi\kappa$ 时，光的强度衰减到原来的 1/e，通常称 α^{-1} 为穿透深度。

对金属材料：

$$\alpha^{-1}=\frac{\lambda_0}{4\pi\kappa}=\frac{\lambda_0}{4\pi}\sqrt{\frac{4\pi\nu\varepsilon_0}{c}}=\sqrt{\frac{\varepsilon_0\lambda_0 c}{4\pi\sigma}} \tag{8.2.12}$$

对于不良导体，σ 较小，当 $\varepsilon^2 >> (\frac{\sigma}{\varepsilon_0\omega})^2$ 时，则有［引入 Taylor 展开，$(\frac{\sigma}{\omega\varepsilon\varepsilon_0})^2 << 1$］：

$$\begin{cases} n^2=\dfrac{1}{2}\varepsilon\left[2+\dfrac{1}{2}\left(\dfrac{\sigma}{\varepsilon\varepsilon_0\omega}\right)^2+\cdots\right]\cong\varepsilon \\ \kappa^2=\dfrac{1}{2}\varepsilon\left[\dfrac{1}{2}\left(\dfrac{\sigma}{\varepsilon\varepsilon_0\omega}\right)^2-\dfrac{1}{8}\left(\dfrac{\sigma}{\varepsilon\varepsilon_0\omega}\right)^4+\cdots\right]\cong\dfrac{1}{\varepsilon}\left(\dfrac{\sigma}{2\varepsilon_0\omega}\right)^2 \end{cases} \tag{8.2.13}$$

因此，这种材料具有较小的消光系数 κ，其穿透深度为：

$$d_1=\alpha^{-1}=\frac{\lambda_0}{4\pi}\frac{2\varepsilon_0\omega}{\sigma}\sqrt{\varepsilon}=\frac{c\varepsilon_0}{\sigma}\sqrt{\varepsilon} \tag{8.2.14}$$

半导体材料的光吸收可用式(8.2.14）描述。例如，半导体 Ge 的电导率 $\sigma=0.11\Omega^{-1}\cdot\mathrm{cm}^{-1}$，$\varepsilon=16$，满足条件 $\left(\frac{\sigma}{\omega\varepsilon\varepsilon_0}\right)^2<<1$，因此折射率 $n=\sqrt{\varepsilon}$，与电介质材料类似。

参考文献

［1］ 方俊鑫，陆栋。固体物理学(下册)［M］. 上海：上海科学技术出版社，1981.

［2］ Zeng S, Baillargeat D, Pui Ho H, et al. Nanomaterials enhanced surface plasmon resonance for biological and chemical sensing applications［J］. Chem Soc Rev, 2014, 43(10): 3426-3452.

第 3 篇

低维光电材料的制备与研发

第9章

低维光电材料制备实验

9.1 实验一　CdS 和 ZnO 量子点的制备

【实验目的】

① 了解量子点的制备原理。

② 熟悉制备 S 前驱体的实验操作。

③ 熟悉制备 Cd 前驱体的实验操作。

④ 分别掌握 CdS 量子点和 ZnO 量子点的制备方法。

⑤ 学会使用高速离心机。

【主要仪器及设备】

① 仪器：移液器、针筒，三口烧瓶、500mL 烧杯、滴管、铁架台等。

② 设备：高速离心机、高温磁力搅拌器、烘箱、天平、马弗炉。

③ 原料：硫粉、CdO 粉末、甲醇、正己醇、油酸（OA）、十八烯（ODE）溶剂、高纯氩气、硫酸锌、氨水、十二烷基苯磺酸钠、正己烷、乙醇（均为分析纯）。

【实验内容】

用常规的化学合成方法分别制备发光的 CdS 和 ZnO 量子点。

【实验步骤】

1. CdS 量子点的制备

① S 前驱体的制备：用移液器量取 ODE 液体 8mL，放入一个三口杯烧瓶 A 中，以硫粉作为 S 源，准确称取硫粉 0.032g（1mmol），加入烧瓶 A 中。将烧瓶 A 置于制备仪器中，通入高纯氩气，快速搅拌并加热到 200℃以上，使硫粉充分溶解于 ODE 中，得到

均一稳定的溶液，即为 S 前驱体溶液。

② Cd 前驱体的制备：用移液器量取油酸液体 2mL，放入一个三口杯烧瓶 B 中，以 CdO 粉末作为 Cd 源，准确称取 CdO 粉末 0.0128g（1mmol），加入烧瓶 B 中。将烧瓶 B 置于制备仪器中，通入高纯氩气，快速搅拌并加热到 200℃以上，使 CdO 粉末充分溶解于 OA 中，得到 Cd 前驱体溶液。

③ CdS 量子点的制备：在 200℃以上时用针筒抽取烧瓶 A 中的 S 前驱体溶液，快速添加到烧瓶 B 中的 Cd 前驱体溶液中；在 200℃快速搅拌，混合液发生反应，生成 CdS。分别在 1min、5min、10min、30min 后用针筒抽取反应液体 3mL，快速加到甲醇溶液中，静置时 CdS 量子点形成絮状沉淀。用高速离心机分离量子点，去掉上层清液后将 CdS 量子点重新分散到正己醇溶液中，得到了淡黄色的 CdS 量子点溶液。

2. ZnO 量子点的制备

ZnO 量子点是一种室温下禁带宽度 Eg＝3.37eV 的新型半导体纳米材料，有良好的生物相容性和优异的光电性质。ZnO 量子点的制备方法有很多，此处介绍两种方法，以供选择。

（1）水热法

① 用电子称量天平称取 6.6g 的 Zn（NO_3）·6H_2O 置于 250mL 的烧杯中，用 250mL 的量筒量取 110mL 的去离子水并倒入烧杯中，将烧杯置于磁力搅拌台上并放入磁子进行搅拌，直至溶液完全澄清，此时 Zn（NO_3）·6H_2O 溶解完全。

② 用移液器量取 6mL 油胺并滴入烧杯中，此时，溶液立刻变浑浊并有白色沉淀物生成。继续搅拌，15min 后，反应完全，溶液呈乳白色。

③ 将反应后的液体用离心管盛取后放入离心机中，设置参数为 5000r/min，时间 3min，进行离心。然后倒掉上清液，将白色沉淀用无水乙醇冲洗后再次离心，离心参数不变。如此反复三次，去除未完全反应的杂质。

④ 将白色沉淀置于 120℃烘箱中烘干，干燥后的白色粉末就是 ZnO 量子点。

（2）化学反应法

① 制备前躯体。将 0.03mol 的 $ZnSO_4$（5g）溶于 250mL 的去离子水中，然后加入表面活性剂：1g 十二烷基苯磺酸钠和 1mL 的正己烷，形成初步的产物；

② 将氨水按 1∶10 的比例稀释到去离子水中待用；

③ 将步骤①制备的溶液置于超声器中打开超声，将步骤②制备的稀释氨水缓慢滴入，并不停搅拌，直到溶液中的生成物完全沉淀；

④ 过滤沉淀物，得到白色的 Zn（OH）$_2$ 前躯体；

⑤ 用去离子水和乙醇分别清洗 Zn（OH）$_2$ 前躯体，之后放入烘箱烘干；

⑥ 将烘干后的 Zn（OH）$_2$ 前躯体加热到 700℃使其分解，成为 ZnO 量子点。

【结果与讨论】

可以通过改变量子点的尺寸调控量子点的发光颜色。

化学反应法制备 ZnO 量子点时：

① 表面活性剂的作用是什么？

② 退火的温度和时间对颗粒会有何影响？

9.2 实验二 核壳结构量子点 CdSe/CdS/ZnS 的酸辅助制备

【实验目的】

① 了解量子点的制备原理。

② 熟悉制备 CdS 和 ZnS 前驱体的实验操作。

③ 掌握石蜡油酸体系和有机酸的性能。

④ 掌握核壳结构的制备方法。

⑤ 学会使用电子天平准确称量。

【主要仪器及设备】

（1）仪器与设备

高速离心机、高温磁力搅拌器、移液器、针筒、三口烧瓶。

（2）原料

油酸、液体石蜡、硫粉、CdO 粉末、锌源、甲醇、乙醇、氯仿、正己醇、高纯氩气。

【实验内容】

在石蜡油酸体系中合成 CdSe 核心量子点溶液，再分别以油酸镉作为壳层 CdS 的前驱体，溶于液体石蜡的硫源作为壳层 CdS 和 ZnS 的前驱体，溶于液体石蜡的锌源作为壳层 ZnS 的前驱体，在 S 的前驱体中添加有机酸，滴加到核心量子点溶液中，有机酸增强了壳层前驱体的活性，减少核心量子点表面配体，促进 CdSe 核心量子点表面生长 CdS 壳层，实现外延包覆，再滴加 Zn 的前驱体包覆 ZnS 壳层得到 CdSe/CdS/ZnS 核壳结构量子点溶液。

【实验步骤】

（1）前驱体的制备

① 将 CdO、油酸、液体石蜡加入反应容器中，在搅拌的情况加热到 160～190℃，至氧化镉溶解呈金黄色液体，冷却至室温，作为 CdSe 核心及 CdS 壳层的 Cd 前驱体；Cd 前驱体的摩尔浓度为 100～300mmol/L。

② 将硫粉、液体石蜡混合，搅拌加热到 100～120℃，得到澄清透明的溶液，作为

CdS 及 ZnS 壳层的 S 前驱体；S 前驱体的摩尔浓度为 100～400mmol/L。

③ 将锌源、液体石蜡混合，搅拌下加热到 150～180℃，得到澄清透明溶液，作为 ZnS 壳层 Zn 的前驱体；Zn 前驱体的浓度为 100～400mmol/L。

(2) 核心 CdSe 溶液的制备

将硒粉、液体石蜡加入反应容器中，Se 的浓度为 5～10mmol/L，搅拌加热到 200～240℃，至硒粉溶解呈金黄色液体。将 (1) ①中制备的镉前驱体快速注入，Se 和 Cd 的摩尔比为 1∶2～1∶4，核心生长温度设置为 220℃，反应到设定的时间后，用水浴快速冷却到 30～80℃，得到核心 CdSe 量子点溶液。

(3) CdS 壳层的包覆

将 (2) 中制备的核心 CdSe 量子点溶液在搅拌的条件下加热到 120～160℃，再将 (1) ②中制备的 S 前驱体与有机酸混合，逐滴滴加到核心 CdSe 量子点溶液中，S 前驱体和 (1) 制备核心量子点时注入的 Cd 前驱体摩尔比为 1∶2～3∶2，有机酸与 S 前驱体的摩尔比为 1∶1～10∶1。反应 3～10min 后，得到具有 CdS 壳层的 CdSe/CdS 核壳结构量子点溶液。

(4) ZnS 壳层的包覆

将 (3) 中制备的 CdSe/CdS 核壳结构量子点溶液加热到 150～180℃，并不断搅拌，逐滴滴加 (1) ③中 Zn 的前驱体，Zn 前驱体与 (3) 中注入的 S 前驱体摩尔比为 1∶2～3∶2。反应 3～10min，自然冷却至室温，得到具有双壳层的 CdSe/CdS/ZnS 核壳结构量子点溶液。

(5) 量子点溶液的纯化

将 (4) 中制备的 CdSe/CdS/ZnS 核壳结构量子点溶液与乙醇、氯仿体积比 1∶1.5∶1.5 混合，进行离心，转速设置为 8000～12000r/min，离心后倒掉上层清液，重复离心操作 2～4 次，得到核壳结构量子点 CdSe/CdS/ZnS，然后分散到正己烷中保存。

【数据记录及处理】

每完成一步，均可测试其 PL 谱的发光性能，从 CdSe 到 CdS 壳层再到 ZnS 壳层及其最后的效果，由此了解包覆的意义。

【结果与讨论】

① 试分析影响制备 CdS 和 ZnS 前驱体的因素有哪些？

② 操作中应注意哪些问题？

③ 有机酸起什么作用？

9.3 实验三 碳量子点荧光材料的制备

自 2004 年首次发现碳量子点后，其合成、性质、应用等方面的研究在近十几年来都取得了巨大的进步。发光CQDs具有高水溶性、强化学稳定性、易于功能化、抗光漂白性以及优异的生物特性、良好的生物相容性。此外，CQDs具有优良的光电性质，既可以作为电子给体又可以作为电子受体，这使得它在光电子、光催化和纳米传感等领域具有广泛的应用价值。

【实验目的】

① 了解碳量子点的制备方法。

② 掌握水热法、固相合成法和微波合成法制备碳量子点的实验操作。

③ 学会使用实验所用到的各项实验仪器。

【实验试剂与仪器】

(1) 试剂

① 水热法：葡萄糖、去离子水。

② 固相合成法：柠檬酸、氢氧化钠。

③ 微波合成法：柠檬酸、尿素。

(2) 仪器

① 水热法：电子称量天平、量筒、100mL烧杯、100mL反应釜、聚四氟乙烯磁子、高温磁力搅拌器、离心管、离心机、鼓风干燥箱。

② 固相合成法：电子秤量天平、量筒、5mL烧杯、250mL烧杯、加热套、胶头滴管、pH试纸。

③ 微波合成法：电子称量天平、量筒、25mL烧杯、聚四氟乙烯磁子、磁力搅拌器、微波炉。

【实验内容】

碳量子点（CQDs）是由分散的类球状颗粒组成的，尺寸在10nm以下，是具有荧光性质的新型纳米碳材料。

碳量子点制备方法主要有两类：自上而下合成法和自下而上合成法。自上而下合成法是指将大尺寸的碳源通过物理或者化学的方法剥离为尺寸很小的碳量子点。利用自上而下合成法合成碳量子点的碳源一般为碳纳米管、碳纤维、石墨棒、炭灰和活性炭等，通过电弧放电、激光刻蚀、电化学法等手段将这些富碳物质进行分解并最终形成碳量子点。自下而上合成法与自上而下合成法相反，是利用分子或者离子状态等尺寸很小的碳材料合成出碳量子点。用自下而上法合成碳量子点，多采用有机小分子或低聚物作为碳源，常用的有柠檬酸、葡萄糖、聚乙二醇、尿素、离子液体等。常见的自下而上合成方法有化学氧化法、燃烧法、水热/溶剂热法、微波合成法、模板法、固相合成法等。

【实验步骤】

(1) 水热法

将 0.3g 的葡萄糖溶于 45mL 去离子水中，用磁力搅拌器搅拌 30min 至溶液澄清，然后转移到 100mL 的反应釜内，180℃下保温 24h。将所得的悬浊液随炉冷却至室温，然后通过离心机离心，转速为 8000r/min，再经过滤装置滤掉较大颗粒的碳，得到澄清溶液；将所得澄清溶液置于 100℃中控干燥箱中干燥，然后溶解于适量去离子水中保存，再经离心，取上清液继续干燥；然后溶解于 150mL 去离子水中，即得浓度为 0.25g/L 的荧光碳量子点溶液。

(2) 固相合成法

将 2g 柠檬酸加入 5mL 烧杯中，然后将烧杯置于加热套中加热到 200℃，大约 5min 后柠檬酸已经熔融，随后液体的颜色由无色变为浅黄色，在 30min 时液体的颜色变为橙色，这表明碳点已经形成。在剧烈搅拌下，将获得的橙色液体逐滴加入 100mL 的 NaOH 溶液中，然后用 NaOH 中和溶液 pH 值至中性，即获得碳点水溶液。

(3) 微波合成法

将称量好的 2g 柠檬酸和 4g 尿素用 15mL 去离子水溶于烧杯中，放置在搅拌台上搅拌在溶液变澄清；然后将混合溶液放入 700W 的微波炉中进行微波加热大约 7min，在此过程中观察到混合溶液颜色由无色逐渐变为浅棕色，最后变为深褐色固体，表明形成了碳点。取出烧杯，待其降至室温后，将所得反应产物溶于去离子水中，以 5000r/min 的速度进行离心分离 10min，重复三次，即可获得碳量子点溶液。

【数据记录及处理】

可选择其中的 1～3 种方法进行实验，分别记录每步的具体时间、升温过程和保温时间。

【结果与讨论】

比较各种方法制备得到的颗粒大小及其 PL 谱的差异。

9.4 实验四　蓝光 CdSe 纳米片晶型调控的制备

【实验目的】

① 了解纳米片的制备方法。

② 掌握晶型调控的实验方法。

③ 学会使用实验所用到的各项实验仪器。

【实验试剂与仪器】

① 仪器：电子称量天平、量筒、100mL 烧杯、100mL 反应釜、聚四氟乙烯磁子、高

温磁力搅拌器、离心管、高速离心机、PL 光谱仪。

② 试剂：醋酸镉二水合物、硒粉、十八烯（ODE）溶剂、油酸、乙醇、正己烷。

【实验内容】

纳米片材料由于只在一个维度上受到量子限域效应，因此相较于量子点，纳米片的光谱展现出更明显的激子吸收峰和更窄的激发光半峰宽（约 10nm），这是目前最窄的发射半峰宽。因此，如果将纳米片应用于显示器件中，将得到更加纯净的显示颜色。

CdSe 纳米片是一种半导体纳米晶体，具有优异的光学性能，其发光波长可通过厚度的改变调控，在发光显示领域有着广泛的应用。随着近几年的发展，CdSe 纳米片已经能够通过溶液合成实现厚度的精准调控，从而精准调控其发射峰位。其中，文献报道的三层 CdSe 纳米片（3ML NPLs）大多为闪锌矿结构，发射峰约为 465nm，半峰宽在 12nm 左右。本实验中，通过改变反应温度和反应时间得到闪锌矿结构或者纤锌矿结构的纳米片，发射峰可以在 454～465nm 之间调控，半峰宽可以控制在 7～12nm 之间，在传统蓝光 CdSe 纳米片合成的基础上降低反应温度、延长反应时间。其中 CdSe 纳米片是通过将醋酸镉二水合物、硒粉、油酸加入 ODE 中，在惰性气体氛围下脱气制得。

【实验步骤】

（1）实验 1

① 将 0.9mmol 醋酸镉二水合物和 0.15mmol 硒粉溶解在 30mL 极性溶剂 ODE 中，再加入 0.15mmol 油酸，并混合均匀，在惰性气体保护下升温到 140℃，反应 1h，冷却即可得到蓝光纤锌矿 CdSe 纳米片。

② 将纤锌矿 CdSe 纳米片溶液与乙醇、己烷按体积比 1∶1∶3 混合，用高速离心机分离，将转速设置为 8000r/min，离心后倒掉上清液，重复离心 2～4 次，得到较纯的 CdSe 纳米片，然后分散到正己烷中保存。

（2）实验 2

将实验 1 中的反应温度 140℃改为 170℃，反应时间由 1h 改成 3min，其他操作步骤不变。

（3）实验 3

与实验 1 和实验 2 的步骤相同，将实验 1 中的反应温度 140℃改为 180℃，反应时间改为 5min。

（4）实验 4

与实验 1 的步骤相同，将实验 1 中的反应温度 140℃改为 180℃，反应时间改为 5min。

（5）实验 5

将 0.5mmol 的醋酸镉二水合物和 0.3mmol 的硬脂酸（或油酸）和 15mL 的 ODE 混

合在 25mL 的三颈烧瓶中，室温通氩气搅拌 10min 后，在氩气保护下升温至 230℃。在 230℃保温 5min 后，把 2.5mLSe-ODE 注入烧瓶中，温度仍设定在 230℃。

【数据记录及处理】

用 PL 光谱测试每种实验结果的发光光谱，绘图并说明它们的差异。

低温下制备出的是具有六方特征的纤锌矿 CdSe 纳米片，发射峰约为 455nm；高温下制备出的是具有四方特征的闪锌矿 CdSe 纳米片，发射峰约为 465nm，见图 9.4.1。

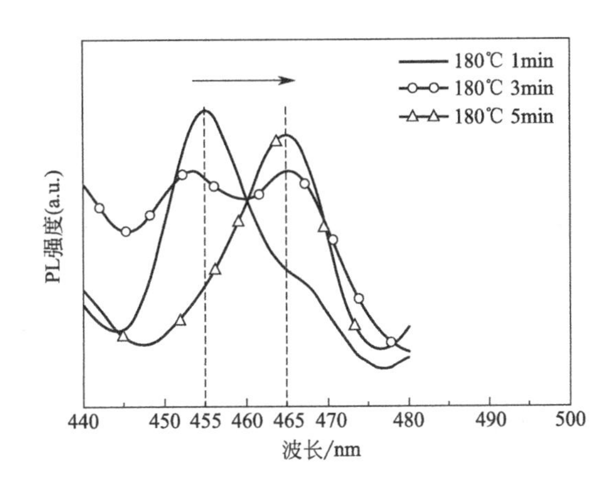

图 9.4.1　制备的 CdSe 纳米片发光 PL 谱随保温时间的变化（结构上从六方纤锌矿变化到四方闪锌矿）

有实验测试条件的话，可以测试 XRD，判断晶粒的微观结构，以及测试 TEM，观察其形貌。

【结果与讨论】

PL 光谱出现了两个峰，分别对应两种不同的微观结构。在实验的临界温度 180℃，延长保温时间会导致晶型的变化，由此可控制发光特性。

9.5 实验五　氧化硅包覆钙钛矿 $CsPbX_3$ 量子点的制备

氧化硅包覆通过隔绝量子点之间及量子点与空气的接触，使量子点的发光波长稳定。该发光玻璃纳米晶体很容易组装成薄膜，涂覆在各种材料的表面。制备时反应温度温和（无需加热常温即可），原料便宜，包覆过程快，操作简单，适合大规模生产，适用于照明、太阳能电池、生物荧光标记等领域。

实验特点：量子点表面配体为油酸或油胺等油溶性配体，核心纳米晶体可以为核壳结构（如 CdSe/ZnS 量子点），也可以为非核壳结构的量子点（如 $CsPbBr_3$ 量子点）。将四甲氧基硅烷在空气中因水分分解而产生的二氧化硅与制备的量子点充分混合，包覆形成了粒径在 50～300nm 的二氧化硅纳米颗粒，量子点均匀分散其中，形成了二氧化硅包覆量子点结构。利用反应时间可控制二氧化硅纳米颗粒粒径和所包覆的量子点数量。

【实验目的】

① 了解 $CsPbX_3$ 量子点的制备方法。

② 掌握氧化硅包覆的实验方法。

③ 学会使用实验中所用到的各项实验仪器。

【实验试剂与仪器】

（1）仪器

烧杯、聚四氟乙烯磁子、高温磁力搅拌器、离心管、高速离心机、PL 光谱仪。

（2）试剂

Cs_2CO_3 或 CsCl、油酸（OA）、十八烯（ODE）、$PbCl_2$、$PbBr_2$、PbI_2、油胺（OLA）、四氯甲烷。

【实验步骤】

（1）$CsPbX_3$ 量子点的制备

① 将 Cs_2CO_3 或 CsCl、油酸（OA）、十八烯（ODE）加入三口烧瓶中，在 90℃抽真空 30min 后通氮气，再加热到 100～150℃，直到变成无色溶液 1。

② 将一定比例的 $PbCl_2$、$PbBr_2$、PbI_2（作为铅源）和四氯甲烷（作为卤源）与油酸（OA）、油胺（OLA）和 5mL 的十八烯（ODE）分别加入三口烧瓶中，在 90℃下抽真空 30min 后通氮气，再升温至 100～180℃，得到澄清溶液 2。

③ 取适量溶液 1 溶解到含氯元素的有机溶剂中，再注入适量的溶液 2，搅拌即可得到 $CsPbX_3$ 量子点溶液，其中 X＝Br，I。溶液 1 和溶液 2 的比例可调，比例为 10∶1～3∶1。

（2）氧化硅包覆 $CsPbX_3$ 量子点的制备

① 将量子点溶解在甲苯、己烷或氯仿等有机溶剂中，得到 A 溶液，再向 A 溶液中加入四甲氧基硅烷，得到 B 溶液。

② 将四甲氧基硅烷在空气中水解，产生所需要的二氧化硅。

③ 将 B 溶液与所获得的二氧化硅按照 200∶1 的比例混合，并在搅拌器中搅拌 6～36h，搅拌速率控制在 200～800r/min，可以得到不同尺寸的量子点二氧化硅纳米颗粒溶液。

④ 将获得的溶液进行离心处理，调整离心速率为 10000r/min，离心时间 10min，之后可得到二氧化硅包覆的量子点纳米颗粒。

【数据记录及处理】

用 PL 光谱仪测试氧化硅包覆 $CsPbX_3$ 量子点前后，以及放置一段时间后的实验样品，并绘制其发光光谱图。

【结果与讨论】

解释 PL 光谱刚制备完和放置一段时间后差异产生的原因。

9.6 实验六 二氧化硅包覆 $AgInS_2$ 量子点纳米颗粒的制备

【实验目的】

① 了解 $AgInS_2$ 量子点的特性。

② 学会使用实验涉及的各项实验仪器。

③ 掌握制备银量子点的实验操作方法。

【实验试剂与仪器】

① 实验仪器：真空泵、加热搅拌器、离心机、各种烧瓶等。

② 实验试剂：硬脂酸锌、S 粉、三辛基膦（TOP）、In（OAc)$_3$ 油酸、十八烯、甲苯、四甲氧基硅烷和无水乙醇。

【实验步骤】

（1）制备 $AgInS_2$ 量子点

① 将 0.4mmol 硬脂酸锌、0.4mmolS 粉和 2mL 三辛基膦（TOP）放入 25mL 的三口烧瓶中，抽真空 20min，然后加热到 100℃使其形成透明溶液 A。

② 将 0.1mmol$AgNO_3$、0.4mmol In（OAc)$_3$、0.5mL 油酸和 8mL 十八烯放入三口烧瓶中，常温抽真空 20min，然后快速加热到 90℃，并注入 1mL 十二硫醇；再将温度升到 130℃，注入溶有 0.8mmol 油胺的 1.3mL 油酸，反应 3min，形成溶液 B。

③ 将溶液 A 注入溶液 B 中，在 130℃保温 2h 即可得到 $AgInS_2$ 量子点。将量子点冷却到室温，按体积比 1∶1 加入无水乙醇，离心，重复 3 次。

（2）制备二氧化硅包覆 $AgInS_2$ 量子点纳米颗粒

① 取 2mL 上述制备的 $AgInS_2$ 量子点，放入 50mL 单口烧瓶中，加入 18mL 的甲苯稀释，再注入 200μL 的四甲氧基硅烷，加入搅拌子，用橡胶塞密封，搅拌 6h。

② 搅拌后离心，将沉淀洗三遍即制得二氧化硅包覆的 $AgInS_2$ 量子点纳米颗粒。

【数据记录及处理】

取出洗净烘干后收集得到的 $AgInS_2$ 量子点，用光照射，观察其发光特性；加入水中，再取出，观察其防水性，再用光照射。

【结果与讨论】

讨论油胺的作用：如果油酸或十八烯的比例发生变化，会产生什么影响？

9.7 实验七 无机纳米手性实验

【实验目的】

① 了解银纳米棒的性能。

② 学会使用实验涉及的各项实验仪器。

③ 掌握制备银纳米棒的实验操作方法。

【实验试剂与仪器】

① 仪器：光谱分析仪、烧杯、聚四氟乙烯磁子、高温磁力搅拌器、离心管、高速离心机、PL 光谱仪。

② 试剂：聚乙烯吡咯烷酮（PVP，平均分子量 40000）、L-半胱氨酸（≥98%）、D-半胱氨酸（≥98%）、硝酸银（Ag NO_3，99.8%）、六水合氯化铁（Fe Cl_3 · $6H_2O$，≥98%）、乙二醇（A. R.）、四氯金酸三水合物（HAu Cl_4 · $3H_2O$，99.99%）、氢氧化铵、去离子水。

【实验步骤】

（1）银纳米棒（Ag NRs）的合成

先将 0.2g PVP 与 25mL 乙二醇在 100mL 烧瓶中混合，在室温下搅拌至 PVP 完全溶解；再将 0.25g $AgNO_3$ 添加到上述溶液中；将 3.25g 600μmol/L$FeCl_3$ 的乙二醇溶液搅拌添加至上述反应混合物中，后将混合物立即转移到 130℃油浴中，加热 5h。合成后的 Ag NRs 用水洗涤 3 次去除残留物，并分散到 10mL 水中待用。

（2）金银合金纳米管（Au/Ag ANTs）的合成

将先合成的作为模板的 1mL Ag NRs 水溶液添加到 20mL 乙二醇中，100℃搅拌 5min。以 1.5mL/h 的速率将 1mmol/L 的 $HAuCl_4$ 溶液滴定到上述溶液中。滴定完成后，将溶液再回流 20min。随后，将混合物冷却至室温，在搅拌下将 15mL 0.2mol/L 氢氧化铵水溶液添加到上述混合物中，搅拌 2h。得到的产物 Au/Ag ANTs 用水洗涤 3 次以去除残留物，并分散在 5mL 水中。

（3）半胱氨酸修饰的 Au/Ag ANTs 合成

室温避光条件下，将 2mL 的半胱氨酸与金银合金纳米管（Au/Ag ANTs）水溶液添加到 10mL 不同浓度的半胱氨酸溶液中。反应完成后，将产物用水离心 3 次，并分散在 5mL 的水中。

【数据记录及处理】

烘干后收集得到的银纳米棒，用光照射，观察其透光性，测量其导电性。比较 Ag 和 Au/Ag ANTs 的透光性和导电性。

【结果与讨论】

根据本书之前内容，解释 PVP 的原理。改变 PVP 的分子量会产生什么效果？

9.8 实验八　水热法制备二维碲纳米片

【实验目的】

① 了解二维碲纳米片的制备方法。

② 掌握氧化硅包覆的实验方法。

③ 学会使用实验所用到的各项实验仪器。

【实验试剂与仪器】

① 仪器：磁力搅拌器、电子天平、50mL 量筒、高压反应釜、烘箱、离心机、10mL 移液枪、5mL 移液枪。

② 试剂：四种不同链长的聚乙烯吡咯烷酮（PVP），即四种不同分子量 PVP，PVP-10K、PVP-24K、PVP-58K、PVP-130K（PVP-分子量），分析纯亚碲酸钠（Na_2TeO_3，99.9%）、氨水（25%，质量分数）、水合肼（85%，质量分数）。

【实验原理】

本实验主要是在碱性环境中用水合肼还原亚碲酸钠来获得碲，其反应的方程式为：

$$TeO_3^{2-}+3H_2O+4e^- \longrightarrow Te+6OH^- \quad \varphi^{\ominus}=-0.57V$$

$$N_2H_4+4OH^- \longrightarrow N_2\uparrow+4H_2O+4e^- \quad \varphi^{\ominus}=-1.16V$$

其中$\varphi^{\ominus}$是在 298K 和标准大气压（$P^{\ominus}=101kPa$）下测量得到的标准电极电势。而根据能斯特方程，$\Delta G=-zEF$，其中 z 表示转移的电子数，E 表示电动势，F 表示法拉第常数，该常数为 96500C/mol。由于吉布斯的自由能变化为负，整个反应为自发反应，与温度无关。但由于肼氧化的半反应是吸热反应，由熵的增加而驱动，更高的温度会促进该反应的正向反应速度，从而可能导致 2D 碲烯产率的增加。但是过高的温度可能会导致碲链之间弱的范德华键断裂，和碲的额外能量对二维结构的破坏。实验总反应方程式为：

$$Na_2TeO_3+N_2H_4\cdot H_2O = Te+N_2\uparrow+2NaOH+2H_2O$$

在实验中，PVP 的浓度（即 PVP 与亚碲酸钠的质量比）也是获得厚度和尺寸可控的 2D 碲烯材料的关键因素（图 9.8.1）。

【实验步骤】

制备实验分为两种，生长温度和 PVP 链长的影响，具体操作流程如图 9.8.2 所示。

(1) 生长温度对 2D 碲烯的影响

① 室温下，用天平称取 0.25g 的 PVP-58K（相对分子量为 58000 的聚乙烯吡咯烷酮）放置在烧杯中，烧杯放置在磁力搅拌器上；

② 用量筒量取 16mL 的去离子水倒入烧杯中，打开磁力搅拌器搅拌，直到溶液均匀；

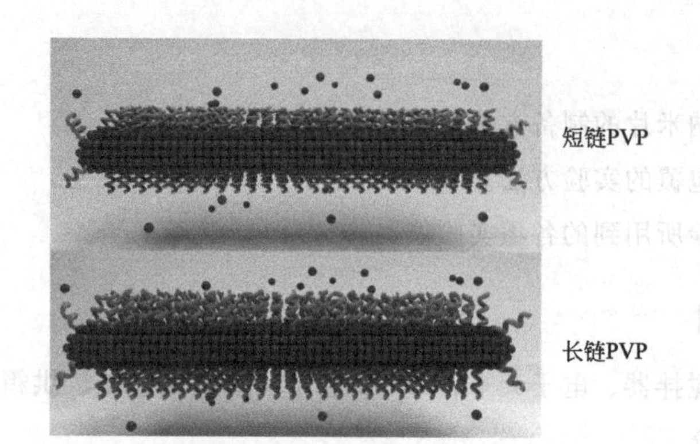

图 9.8.1 长链和短链 PVP 对 2D 碲烯纳米片表面钝化示意图

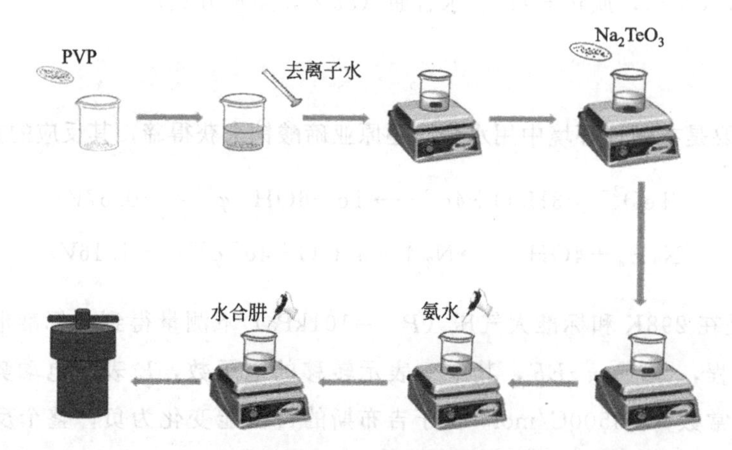

图 9.8.2 水热法生长 2D 碲烯纳米结构的制备流程示意图

③ 在均匀溶液中，加入 0.05g 的亚碲酸钠（Na_2TeO_3），继续搅拌；

④ 搅拌至溶液均匀后，先后用移液枪移取 1.65mL 的氨水和 0.835mL 的水合肼加入烧杯中（注意添加的先后顺序），继续搅拌；

⑤ 关闭磁力搅拌器，将搅拌好的溶液倒入聚四氟乙烯内衬中，将内衬放置在不锈钢高压反应釜中；

⑥ 将高压反应釜密封并放入烘箱中，烘箱加热至 160℃并保持 20h；

⑦ 保持温度 20h 后，关闭烘箱，等待高压反应釜自然冷却至室温；

⑧ 将反应后溶液取出，通过 5000r/min 的速度离心 5min 来沉淀和纯化；

⑨ 用去离子水和乙醇分别洗涤 2～3 次，洗涤后的最终产物分散在乙醇中保存，以便后续进行表征分析；

⑩ 改变步骤⑥中实验温度，即将烘箱加热至 180℃，保持其他步骤和实验条件不变；

⑪ 改变步骤⑥中实验温度，即将烘箱加热至 200℃，保持其他步骤和实验条件不变。

通过上述步骤，得到三组在不同生长温度条件下制备的二维碲纳米结构样品，经过处理后保存，以便后续取用。

(2) PVP 链长对 2D 碲烯的影响

① 室温下，用天平称取 0.25g 的 PVP-10K（相对分子量为 10000 的聚乙烯吡咯烷酮），置于烧杯中；

② 用量筒量取 16mL 的去离子水倒入装有 PVP 的烧杯中，打开磁力搅拌器，搅拌至溶液均匀；

③ 在均匀溶液，加入 0.05g 的亚碲酸钠（Na_2TeO_3），继续搅拌；

④ 搅拌至溶液均匀后，先后用移液枪移取 1.65mL 的氨水和 0.835mL 的水合肼加入烧杯中（注意添加的先后顺序），继续搅拌；

⑤ 关闭磁力搅拌器，将搅拌好的溶液倒入聚四氟乙烯内衬中，将内衬放置在不锈钢高压反应釜中；

⑥ 将高压反应釜密封并放入烘箱中，烘箱加热至 180℃并保持 20h；

⑦ 保温 20h 后，关闭烘箱，等待高压反应釜自然冷却至室温；

⑧ 将反应后溶液取出，通过 5000r/min 的速度离心 5min 来沉淀和纯化；

⑨ 用去离子水和乙醇分别洗涤 2～3 次，洗涤后最终产物分散在乙醇中，以便后续进行表征分析；

⑩ 改变步骤①中的 PVP 分子量，即取用 0.25g 的 PVP-24K，重复后面步骤②～⑨；

⑪ 改变步骤①中的 PVP 分子量，即取用 0.25g 的 PVP-58K，重复后面步骤②～⑨；

⑫ 改变步骤①中的 PVP 分子量，即取用 0.25g 的 PVP-130K，重复后面步骤②～⑨。

通过上述步骤，得到四组不同 PVP 链长制备的二维碲纳米结构样品，经过处理后保存，以便后续取用。

(3) 碲纳米片产率分析

制备的碲纳米片产率分析过程：水热法制备的碲溶液取出 1mL，加入 2mL 的丙酮溶液混合，并以 5000r/min 的转速离心 5min，洗涤两次后，将得到的二维碲纳米片分散在 3mL 的去离子水中。之后，用移液枪取出 100μL 的溶液，滴在 (1×1) cm^2 的硅衬底上，用光学显微镜随机选取若干个 (5×5) mm^2 的区域内的图像，将区域内二维碲纳米片和一维纳米线或者纳米棒的数量比定义为二维碲纳米片的产率。

【注意事项】

由于实验是在高温高压下进行，在高压反应釜放入加热炉之前，需要指导教师确认无误才可进行。

【数据记录及处理】

① 记录实验过程中的温度及湿度。

② 绘制表格，记录所有成分的生产企业、纯度和称取重量及其百分比。

③ 记录实验过程的起始时间：由于两个实验可以同时进行，并使用多个高压反应釜同时加热，分别在 160℃和 180℃条件下保持 20h。

【结果与讨论】

温度和 PVP 链长度对 2D 碲烯有何影响。

第10章

低维光电材料应用研发范例

此部分基于团队科研工作，详细介绍解决问题的思路、实验方法和结果。主要分为三个方面：研究液体喷墨打印技术，消除咖啡环现象（与南方科技大学合作）；利用位阻效应优化全无机钙钛矿薄膜及太阳能电池的性能研究（与国家纳米中心合作）和柔性透明银电极的制备技术（独立完成）。

10.1 QLED的喷墨技术攻关案例

(1) 凹版印刷

滚动滚轮，墨水被连续地带到衬底上，然后再通过刮板刮除突出滚轮的部分，留下坑内凹槽的墨水，接着对衬底施加压力，将凹槽内墨水转移到基板表面。

(2) 丝网印刷

利用印版中图文部分网孔漏墨的原理进行印刷。印刷时在一侧底边倒墨水，同时用刮板在油墨部分施加压力，油墨在刮板移动过程中被转印到衬底上。这种印刷方式成本较高，印刷过程中墨水容易干燥挥发。

(3) 喷墨打印

喷墨打印是一种非接触式、无需掩膜版、材料利用率高而且还可以重复加工的溶液加工技术。可以实现微纳级别的液滴精准定位，所用材料广泛，适合大面积生产且成本低，不会对墨水和基板产生污染。另外，喷墨打印技术能够实现图案自动化加工，是制作量子点电致发光二极管平板显示屏的重要技术。

10.1.1 喷墨打印设备

与喷墨打印相关的实验工作，是使用由美国 MicroFab 公司生产的 JetlabⅡ型号打印设备完成的，它是专为实验室研究微量点滴、微量喷射以及微流体而设计的（图

10.1.1)。其纳米材料沉积喷墨打印系统具有基底适应面广、无需模板、按需喷墨等优点，在墨滴控制、图案定位精度及效率方面具有独特的优势。

喷头直径 20～80μm，喷头电控制器产生双极波形和任意波形，三状态气压控制系统精密调节气压，打印模式分为按需喷墨和连续喷墨，打印任务用编程打印、可任意分辨率和方向打印。

水平 CCD 相机用于观测液滴；垂直 CCD 相机用于定位识别及打印观测。

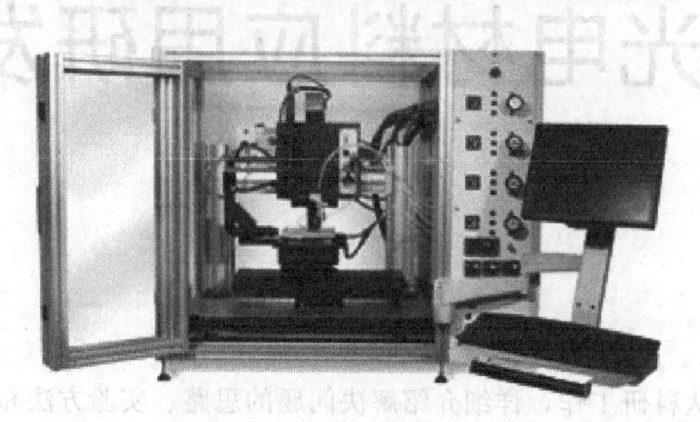

图 10.1.1 JetlabⅡ型喷墨打印设备

喷墨打印的液滴喷射到基板上后，液滴会因接触角和表面张力之间的不平衡而扩张，直到液滴达到一个平衡的接触角。之后溶质在液滴内扩散，干燥并形成圆面。此过程如图 10.1.2 所示。

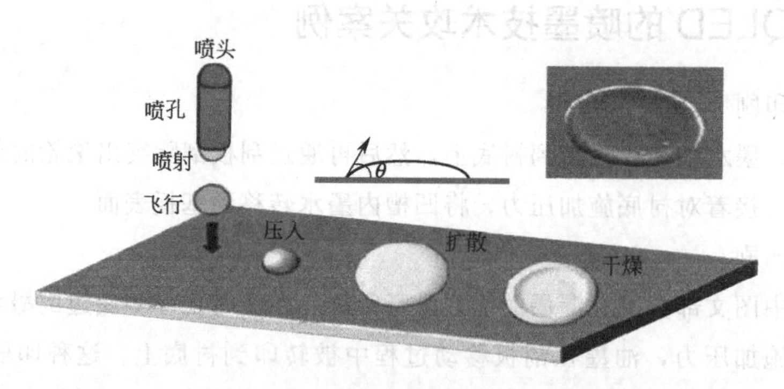

图 10.1.2 在基板上飞行喷墨打印液滴其液滴扩展和干燥过程示意图

在喷墨打印液滴喷射和形成方面，表面张力、惯性力和黏度三个参数起关键作用，一般用两个无量纲的参数描述这些量：雷诺数 Re（Reynolds number）和韦伯数 We（Weber number）。雷诺数 Re 表示流体惯性力和黏度（η）之比，这里 ρ 为流体的密度，v 是流速，a 是特征常数。喷墨打印液滴形成过程的特征常数是指喷嘴直径。韦伯数 We 是指惯性力和表面张力之比，这里 γ 是表面张力。

雷诺数 Re 和韦伯数 We 分别为： $Re=v\rho a/\eta$，$We=v^2\rho a/\gamma$

咖啡环效应：当一滴咖啡液滴滴落在桌面上时，溶液中的颗粒物质会在桌面上留下一个深色的污渍，其中间部分比边缘部分更浅一些，形成环状斑的现象。溶质通常会在环斑处沉积，成因是受到液渍颗粒外形的影响以及颗粒流动方向的影响。起因于挥发过程中的三相接触线钉扎效应。

溶液（尤其是聚合物）墨滴在干燥过程中，由于边缘溶剂挥发速率大于中心处的挥发速率，导致蒸气压不一致。为了补偿边缘溶剂的损失，液滴内部的溶剂会在毛细力的作用下由中心向边缘流动，并且将溶质也携带到边缘积累沉积。在液滴挥发干燥之后，边缘接触线的溶质沉积较多，颜色较深，引起接触线“钉扎”。而对于接触角小于 90° 的液滴来说，液滴边缘的蒸气压较小，导致液滴边缘溶剂蒸发速率较快，最终溶质不断在接触线处沉积，形成颜色深浅不一的环状结构，这种现象称为“咖啡环”效应，它会导致量子点分布的不均匀（图 10.1.3）。

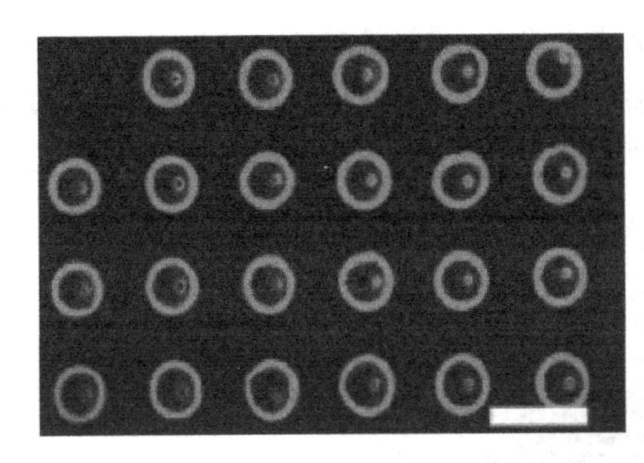

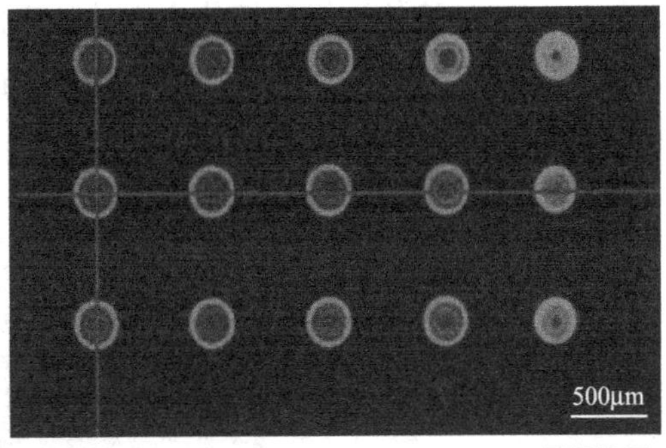

图 10.1.3 喷墨打印 CdSe@ZnS/ZnS 量子点及有机小分子

喷墨打印方法制备的 $CsPbBr_3$ 钙钛矿量子点所出现的咖啡环现象如图 10.1.4 所示。

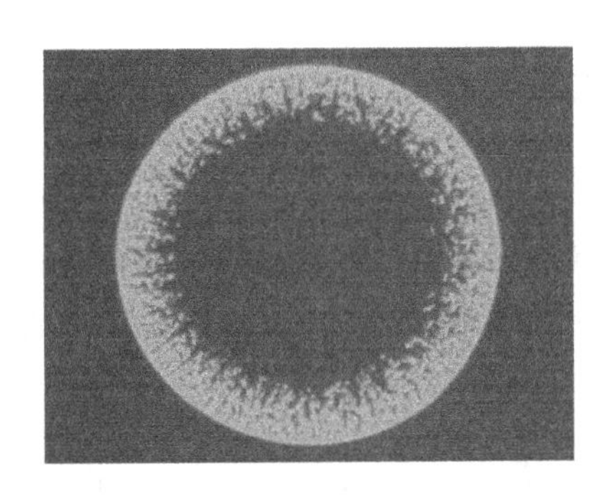

图 10.1.4 喷墨打印 $CsPbBr_3$ 钙钛矿量子点的咖啡环现象

解决咖啡环效应主要有三个研究方向：

① 在流体表面构建向内的马兰戈尼流（Marangoni）抵消向外的补偿流；

② 改变溶质分子的形状减缓溶质颗粒在流体内部的运动速率；

③ 控制液滴的干燥时间等来减缓咖啡环效应。

在流体力学中，存在一种效应，称为“马兰戈尼流”，合理利用马兰戈尼流的规律可以抑制“咖啡环”效应。

10.1.2 马兰戈尼流

马兰戈尼流是1865年发现的一种与重力无关的自然对流，具有大小和方向性。表面张力梯度可以改变干燥过程中液滴内部的流动方向，这种由表面张力梯度引起的流动称为"马兰戈尼流（Marangoni flow）"效应。液滴内部的液体会产生一种流动，从表面张力低的部分向表面张力高的部分流动，形成马兰戈尼流，其大小与液滴表面张力差和溶液黏度相关，用 Ma 表示，数学表达式为：

$$Ma \propto \Delta\gamma/\eta$$

式中，$\Delta\gamma$ 是液体边缘和液体中心处的表面张力差；η 是溶液黏度。

毛细管运动和马兰戈尼流运动会在液体表面形成一个环流，随着内部液体的流动将边缘堆积的溶质重新带回液滴中部，进而起到抑制"咖啡环"效应的作用，如图 10.1.5 所示。

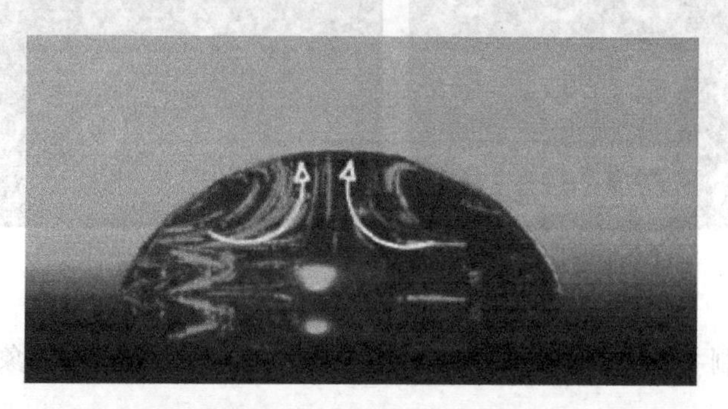

图 10.1.5 液滴内部因表面张力差引起的马兰戈尼流

10.1.3 毛细管运动和马兰戈尼流运动

实际上，只有当马兰戈尼流的方向与毛细力的方向相反时才能对"咖啡环"效应起到抑制作用，而当马兰戈尼流的方向与毛细力的方向相同，或者液滴表面张力均匀分布无法形成马兰戈尼流的时候，并不会对"咖啡环"效应有抑制作用，如图 10.1.6 所示。

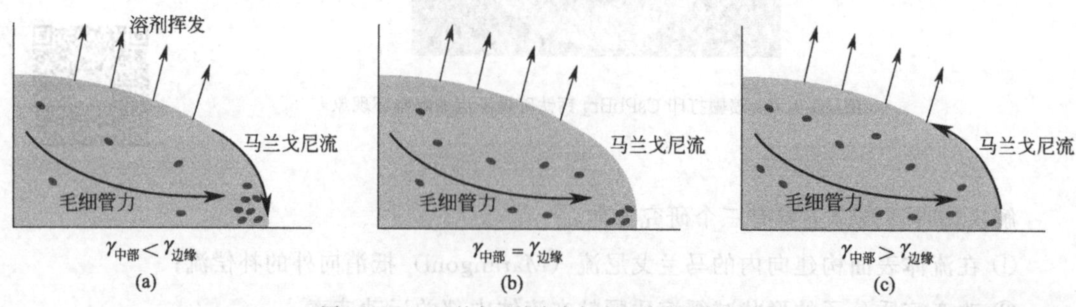

图 10.1.6 马兰戈尼流方向与表面张力梯度关系

(a) 液滴边缘表面张力大于中部顶端表面张力，马兰戈尼流方向由顶端指向边缘；(b) 液滴表面张力均匀分布，无马兰戈尼流产生；(c) 液滴边缘表面张力小于中部顶端表面张力，马兰戈尼流方向由边缘指向顶端

10.1.4 有机溶剂的选择

配制量子点时，对有机溶剂的选择，要求能够满足喷墨打印要求且能形成稳定的液滴。要求流体的 Z 值必须满足 $1<Z<10$。

$$Z=(\gamma\rho a)^{1/2}/\eta_T$$

（1）有机溶剂对打印效果的影响

常用有机溶剂的力学性质如表 10.1.1 所列。

表 10.1.1 有机溶剂的力学性质

溶剂	沸点/℃	黏度 η /cP	表面张力 γ /(mN/m)	密度 ρ /(g/mL)
十二烷	215	1.19	25.6(20.9℃)	0.748
甲苯	110.6	0.56	28.8(21.2℃)	0.866
辛烷	125	0.49	21.7(21.5℃)	0.703
苯基环己烷	237	3.68	34.5(21.6℃)	0.95

通过比较表 10.1.1 有机溶剂的数值发现，只有十二烷和苯基环己烷（CHB）满足要求。由此，选择了四种 Z 值较好的墨水进行打印，得到的效果如图 10.1.7 所示。其中，十二烷墨水的打印效果较好。

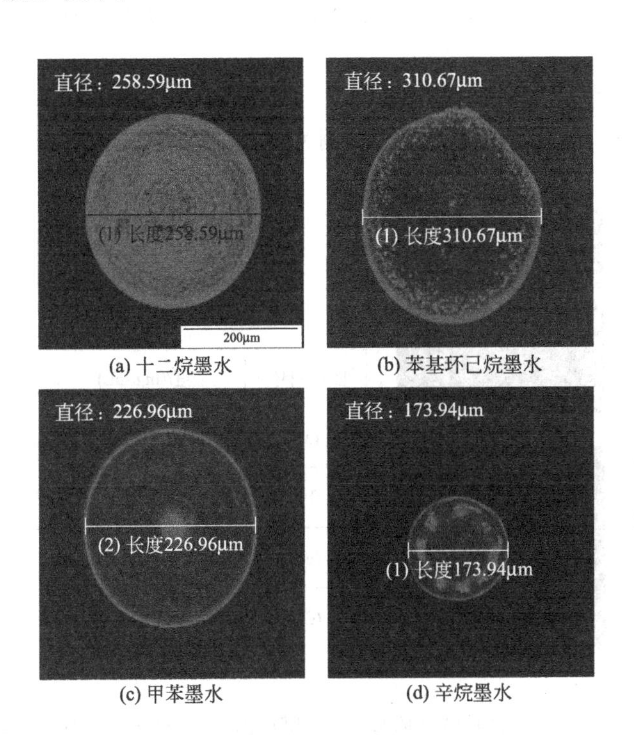

(a) 十二烷墨水　(b) 苯基环己烷墨水　(c) 甲苯墨水　(d) 辛烷墨水

图 10.1.7 喷墨打印墨水的荧光显微图

（2）颗粒大小对打印效果的影响

通过比较发现，颗粒较小时，打印效果较好（图 10.1.8）。

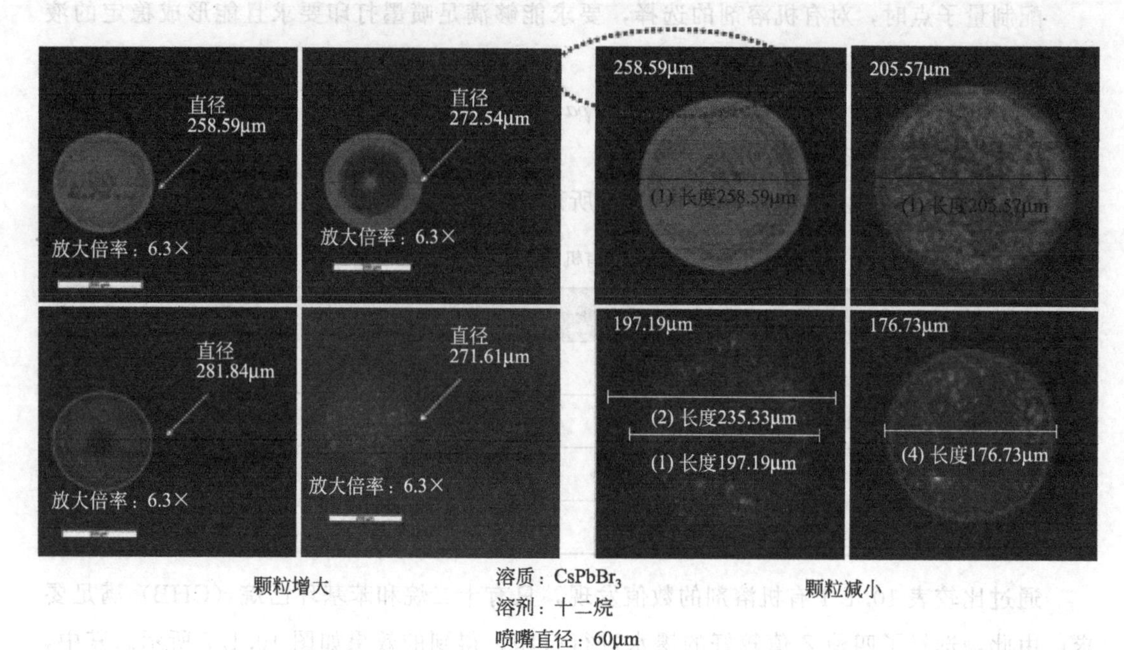

图 10.1.8　喷墨打印墨水中的颗粒大小的影响（左图为较大颗粒，右图为较小颗粒）

（3）混合溶剂对打印效果的影响

图 10.1.9 显示，当十二烷与甲苯的比例为 8∶2 时的效果最好。

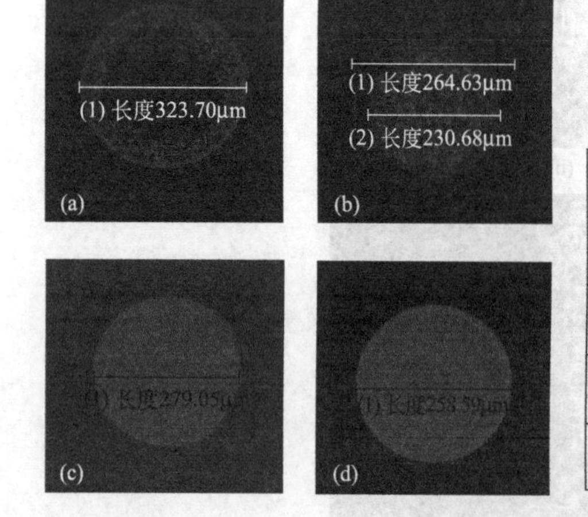

图片编号	浓度/(mg/mL)	溶剂
(a)	20	十二烷+苯基环己烷(8:2)
(b)	20	十二烷+辛烷(8:2)
(c)	20	十二烷+甲苯(8:2)
(d)	20	十二烷

图 10.1.9　喷墨打印墨水中的混合溶剂比较 [图（a）和图（c）为较大颗粒]

(4) 量子点溶剂与有机溶剂的比例对打印效果的影响

从图 10.1.10 可以看出，当量子点溶液占比为 20%时效果最好。

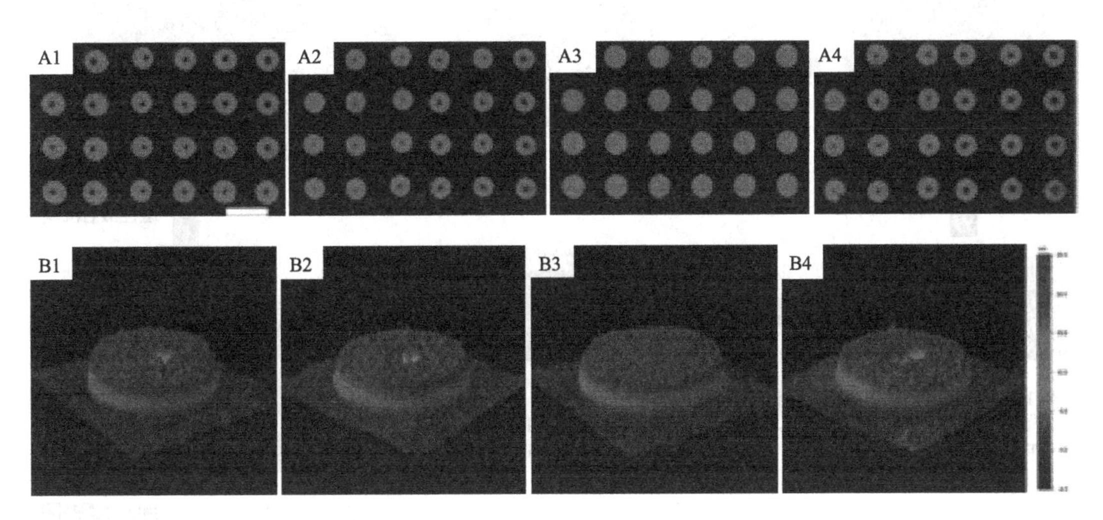

图 10.1.10 喷墨打印在基片上的量子点干燥后的效果

A 为量子点的 PL 显微成像（标尺为 200μm）；

B 为 3D 形貌成像（1～4 表示量子点溶液占比分别为 0%、 10%、 20%、 30%）

(5) 三维成像图

喷墨打印量子点干燥后的效果图如图 10.1.11 所示。

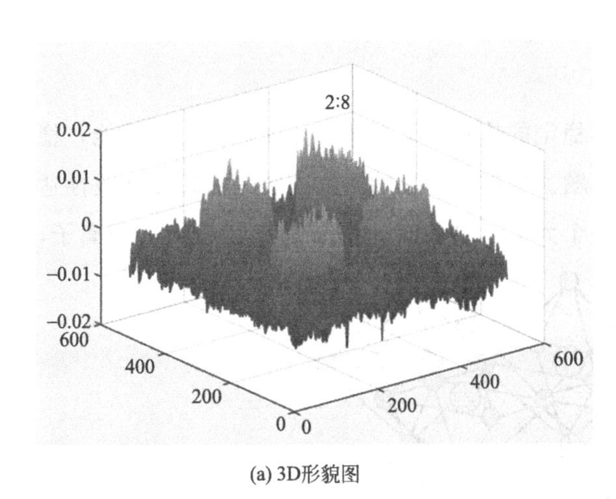

(a) 3D形貌图

(b) 鸟瞰图(厚度：12nm)

图 10.1.11 喷墨打印量子点干燥后的效果图

(6) QLED 工艺技术图

喷墨打印制作量子点发光单元的工艺流程如图 10.1.12 所示。

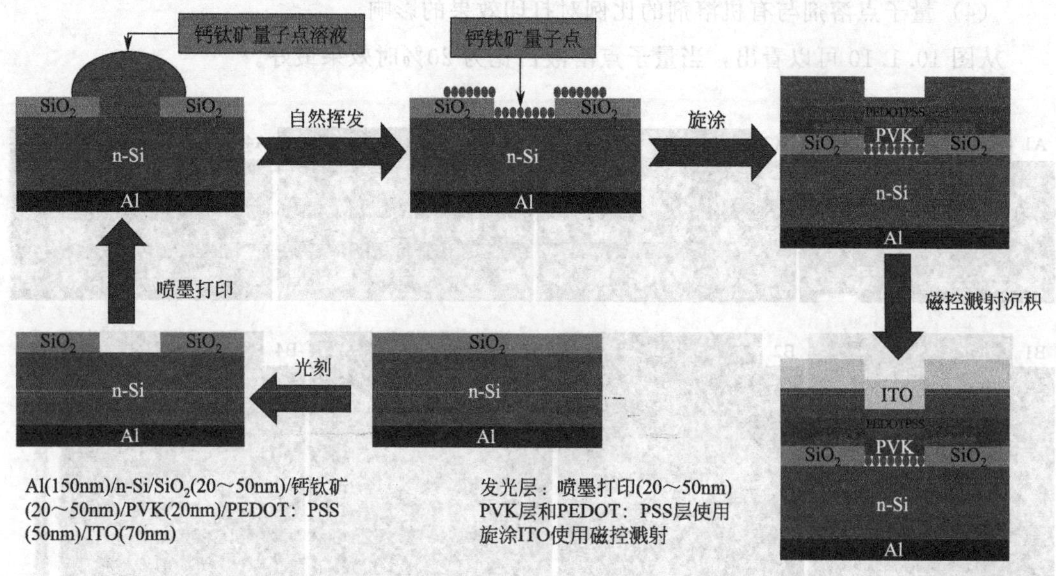

图 10.1.12 喷墨打印制作量子点发光单元的工艺过程图

10.2 钙钛矿薄膜的光电性能及其太阳能电池制备研究

本研究是利用位阻效应优化全无机钙钛矿薄膜及太阳能电池的性能研究。

10.2.1 研究思路

铯铅卤钙钛矿具有优异的光电性能和不稳定的热和化学性能，如何保持光电性能，稳定其热和化学性能，是研究者重点考虑的问题。目前，主要的研究内容是通过表面改性达到钝化的目的。仔细分析铯铅卤钙钛矿的各个元素，会发现铯离子为半径较大的阳离子，

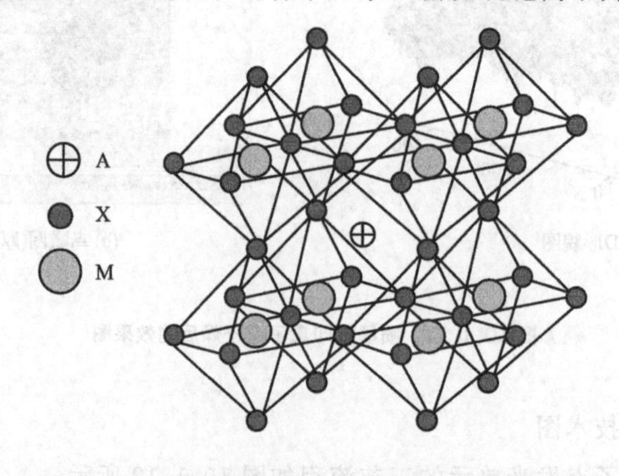

图 10.2.1 铯铅卤钙钛矿结构图（铯占据中心点 A 位）

如图 10.2.1 所示，其配位作用极不稳定。人们发现醋酸根与铯离子配位可以提高钙钛矿太阳能电池的开路电压后[1]，又发现羧酸根离子和铯离子也有配位作用[2]，考虑引入不同的环烷烃羧酸根离子，可调控钙钛矿薄膜结晶。分别以低聚物甲基丙烯酸甲酯（s-MMA）和高聚物甲基丙烯酸甲酯（p-MMA）为添加剂，加入钙钛矿薄膜中，发现加入 s-MMA 后提高了太阳能电池的光电转换效率（PCE），孔隙率显著降低，并非常明显地改善了电池的柔性。而加入 p-MMA 所制备的钙钛矿薄膜太阳能电池表现出较差的性能[3]。

上述研究结果，可以用位阻效应来解释。所谓位阻效应，主要是指分子中某些原子或基团彼此接近而引起的空间阻碍作用。如果将铯离子与某些基团配位，基团会产生位阻效应，阻止其他离子与铯离子发生反应，从而达到稳定结构的作用。然而，总体位阻效应可能是有利的，也可能是不利的。位阻效应是与尺寸相关的，尺寸过大会抑制本体效应，而尺寸太小，则起不到阻隔的作用。因此，选择与铯铅卤钙钛矿原胞尺寸差异不大的惰性配体与铯离子进行配位，将有可能改善钙钛矿薄膜太阳能电池的光电性能。

为了让添加物能够与铯形成配体，添加物应为含铯物质，但在现有的含铯物质中，没有适用的。因此，需要利用反应合成。添加剂合成策略：通过基本酸碱中和反应，制备不同环状的羧酸铯，其反应方程式如下（R 表示不同的环状物）

$$CsOH + RCOOH = RCOOCs + H_2O$$

通过上述反应，合成了具有如图 10.2.2 所示结构的环丙烷羧酸铯、环己烷羧酸铯和环庚烷羧酸铯，其薄膜分子的环上碳原子数分别为 3、6 和 7，表示为 C_3、C_6 和 C_7。位阻效应随环的增大而增加。其中，在所有的生成物中，当加入一定量环己烷羧酸铯后，生成的钙钛矿薄膜变得最大，且无明显孔隙，在表面形貌上产生了钝化或者显著的表面位阻效应。

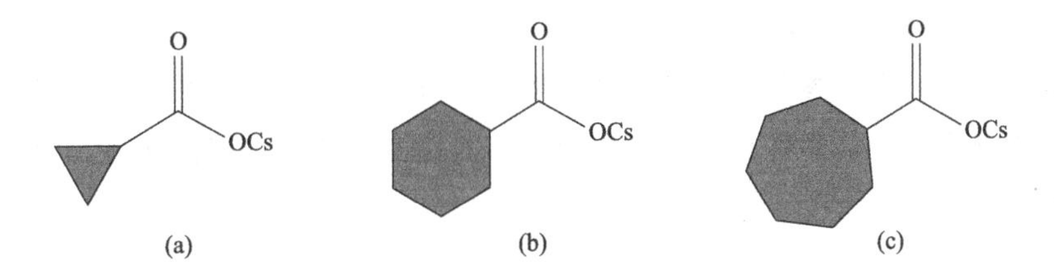

图 10.2.2 合成的 3 种结构式

(a) 环丙烷羧酸铯；(b) 环己烷羧酸铯；(c) 环庚烷羧酸铯

在现有的全无机钙钛矿体系中，$CsPbI_2Br$ 具有最佳的结构稳定性和合适的理论带隙值（−1.73eV）[4]。因此，选择 $CsPbI_2Br$ 为研究对象。

10.2.2 试剂及仪器

试剂和仪器如表 10.2.1 和表 10.2.2 所列。

表 10.2.1 实验试剂

名称	生产厂家	纯度
二氧化锡胶体水溶液	Avantama 公司	15%(质量分数)
氨水	阿拉丁	氨水>20%
Spiro-OMETAD	西安宝莱特	AR
Li 盐	西安宝莱特	AR
Co 盐	西安宝莱特	AR
环丙烷羧酸铯	自制	>95%
环己烷羧酸铯	自制	>95%
环庚烷羧酸铯	自制	>95%
乙腈	国药	AR
氯苯	国药	AR
金	中诺新材	>99.99%
磷酸三丁酯(TBP)	阿拉丁	AR

表 10.2.2 实验仪器

仪器名称	生产厂家
紫外-荧光吸收光谱仪	PE Lambda U950
稳态/瞬态荧光光谱仪	HORIBA
太阳光模拟器	Quantum Design
外量子效率测试仪	Quantum Design
角分辨 X 射线能谱仪	Thermal Fisher

在本实验中，对比未掺杂的参考样品（Ref），研究了三种配体产生的位阻效应对钙钛矿薄膜光电性能的影响，并将其应用到电池上，通过四个核心指标的比较，研究了位阻效应对电池的影响效果。

10.2.3 配体的性能

钙钛矿薄膜用一般的旋涂法在氮气氛围手套箱中进行，将覆有钙钛矿的 ITO 以 35℃ 退火 5min，待钙钛矿薄膜变成黄色后移动至 160℃加热台，10min 后将其取下，即得到均匀的钙钛矿薄膜，薄膜颜色呈黑色。

图 10.2.3 为 XPS 测量结果，Ref 表示未加配体，其铯的化合物为氢氧化铯。碳环增大使得结合能降低，铯离子的能级升高。对应的结论是：①Cs—O 键由最初的 Cs—OH 转变为 R—COOCs 结构；②环的增大使 Cs 周围电子云密度略有增加。

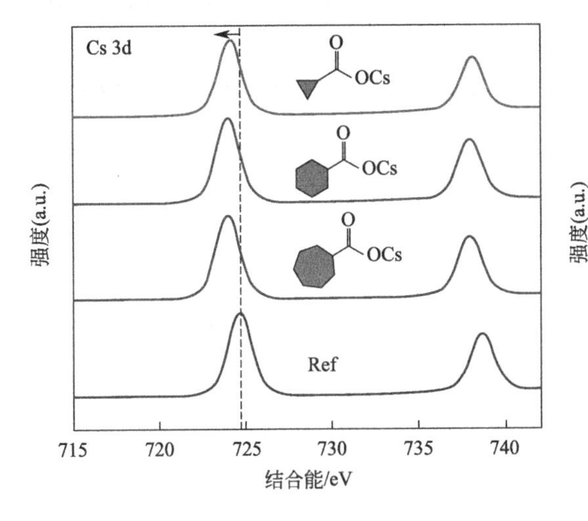

图 10.2.3 不同添加剂的 XPSCs 3d 峰图

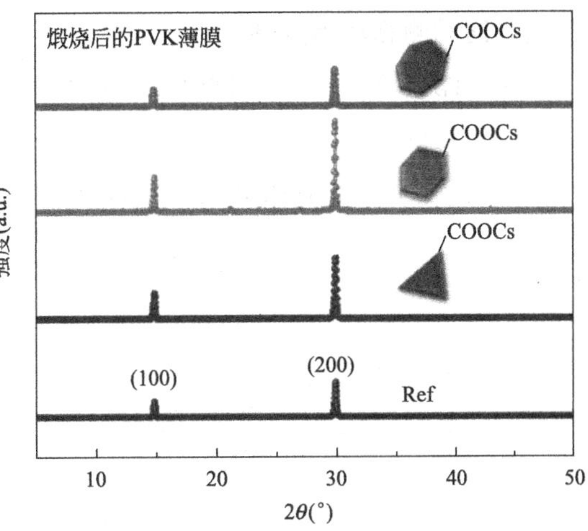

图 10.2.4 退火后钙钛矿（perovskite, PVK）薄膜的 XRD 图

在图 10.2.4 中，可以明显观察到钙钛矿薄膜的（100）和（200）晶面，相比于 Ref 薄膜，其图谱并未发生明显变化，即钙钛矿退火后结构并未因加入添加剂而发生改变。

10.2.4 器件的制备步骤

① ITO 的清洗。用去离子水、异丙醇、丙酮分别清洗 ITO15min，之后再超声清洗，放入异丙醇中保存使用。

② 制备电子传输层。用氨水：氧化锡胶体溶液=4：1 配置前驱液，敞口放置约 3h，后用 4000r/min 的旋涂转速进行旋涂，用量约 40μL，30s 之后以 150℃退火 30min，即得带有电子传输层的器件。

③ 制备活性层。

④ 制备空穴传输层。将 2，2′，7，7′-四［*N*，*N*-二（4-甲氧基苯基）氨基］-9，9′-螺二芴（Spiro-OMETAD）溶解于一定量的氯苯中，同时添加一定量的乙腈溶解的 Li 盐和 Co 盐，并随之添加一定量的磷酸三丁酯（TBP），此三者均为提高 Spiro-OMETAD 的载流子迁移率[5]。而后以 3500r/min 的速度涂在钙钛矿薄膜上，用量为 20μL 左右，用时为 30s。

⑤ 电极蒸镀。用热蒸镀仪，将 60nm 的金蒸于其上，即得完整的钙钛矿薄膜器件。

10.2.5 位阻效应对器件性能的影响

（1）测试内容

① 通过紫外-可见吸收，判断其吸收波长，并通过吸收截止边计算其带隙值。

② 进行荧光、时间分辨荧光测试，对激子对的光学特性进行表征。

③ 以 XPS 为基础理论，对电子进行计数的 UPS 测试内建电场，即导带和价带之间的值，同时测算功函数 W_F。

④ 用模拟的太阳光测试仪在实验条件下测试 J-V 特性，得到光电转换效率（PCE）。

（2）测试结果

① 紫外-可见吸收的测试，如图 10.2.5 所示。

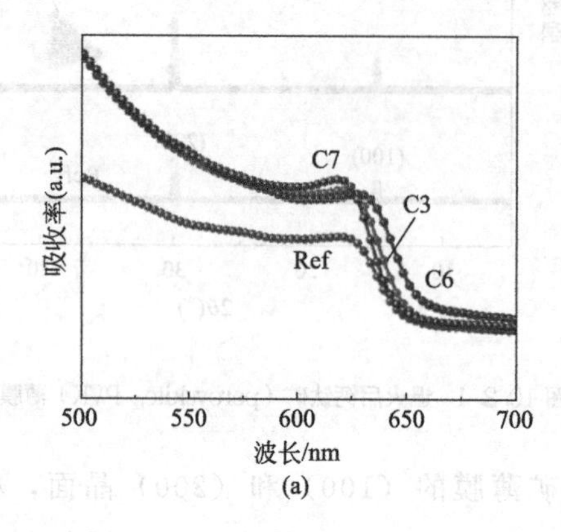

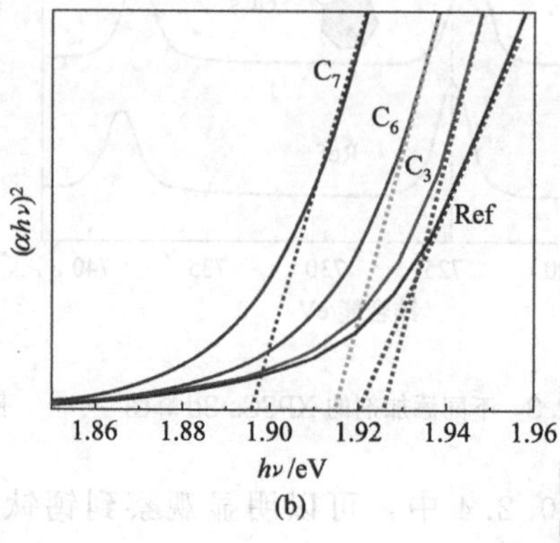

图 10.2.5 四种薄膜的紫外-可见吸收光谱

由上述结果计算得到 Ref 的带隙（E_g）为 1.92eV，C_7 和 C_6 的带隙分别为 1.89eV 和 1.91eV，最后一个加入环庚烷羧酸铯时带隙略有增加。

② 通过荧光、时间分辨荧光的测试，对激子对的光学特性进行表征。如图 10.2.6 和图 10.2.7 所示。

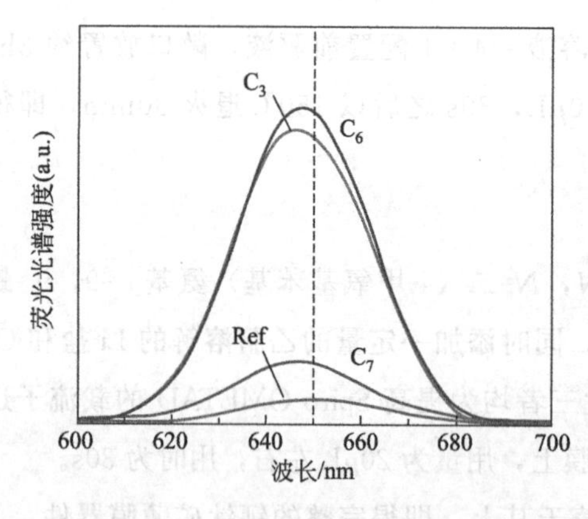

图 10.2.6 四种薄膜的荧光光致发光

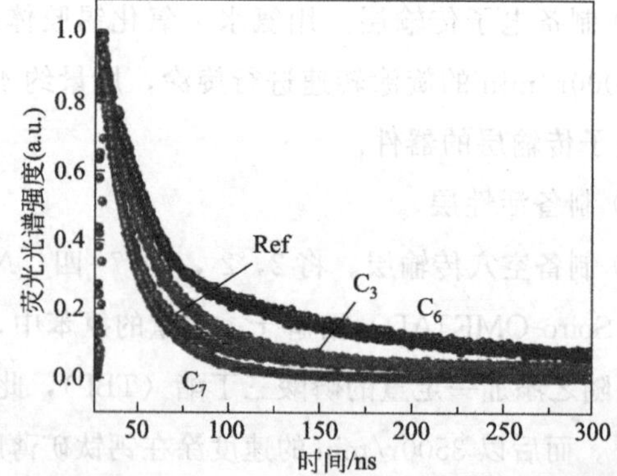

图 10.2.7 四种薄膜的时间分辨荧光光致发光强度衰减

很明显，图 10.2.6 的 PL 谱中，发光最强的两个分别是中间的 C_6 和 C_3。图 10.2.7 中 C_6 的荧光光致发光衰减最慢，表 10.2.3 中给出为 74.2ns。

③ 通过对电子进行计数的 UPS 测试来测量内建电场，以及测算功函数 W_F，如图 10.2.8～图 10.2.10 所示。

表 10.2.3 不同薄膜衰减指数拟合值

名称	短寿命φ_1	长寿命φ_2	平均寿命
Ref	18.1ns	68.9ns	25.4ns
环丙烷羧酸铯薄膜	23.5ns	82.1ns	35.0ns
环己烷羧酸铯薄膜	30.7ns	90.7ns	74.2ns
环庚烷羧酸铯薄膜	6.9ns	17.5ns	10.2ns

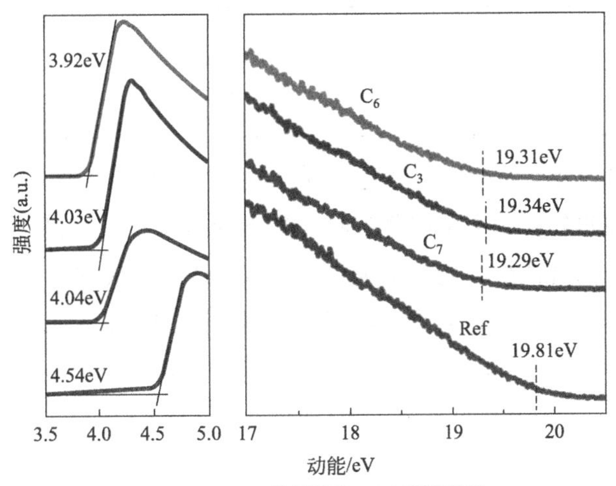

图 10.2.8 四种薄膜的 UPS 测算图谱

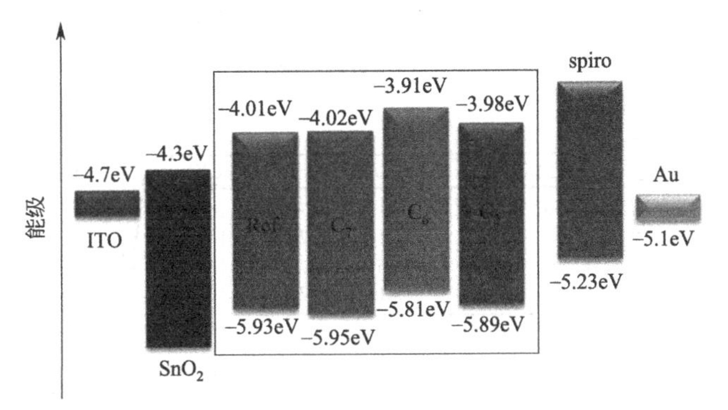

图 10.2.9 四种薄膜的能级及太阳能电池器件的能级图谱

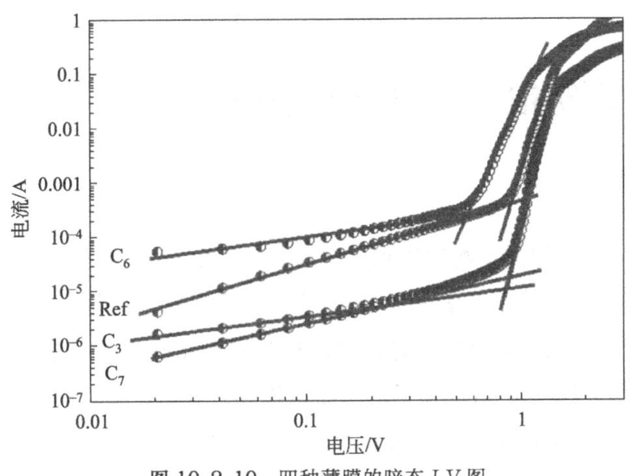

图 10.2.10 四种薄膜的暗态 I-V 图

表 10.2.4 四种薄膜缺陷态的计算值和之前分析的结果相符：加入环己烷羧酸铯的薄膜缺陷最少。此外，加入环庚烷羧酸铯时，缺陷态密度呈反常的增加状态，归因于加入环庚烷羧酸铯时会导致晶粒急剧减小及薄膜出现孔洞。

表 10.2.4 不同薄膜的缺陷态计算

名称	V_{tr}	厚度	缺陷态密度(10^{15})
Ref	0.84V	490nm	7.745cm^{-3}
环丙烷羧酸铯薄膜	0.83V	510nm	6.890cm^{-3}
环己烷羧酸铯薄膜	0.51V	540nm	4.457cm^{-3}
环庚烷羧酸铯薄膜	0.92V	450nm	9.992cm^{-3}

④ 通过模拟太阳光测试仪测试钙钛矿太阳能器件的 J-V 性能，结果如图 10.2.11 所示。添加剂的加入使得钙钛矿太阳能薄膜的 J-V 效果有了很大的提升，特别是 C_6 的效果达到了最大。总之，随着位阻效应的增大，4 种测试结果均表现出先升高后降低的规律。最终得到的结果是：在加入环己烷羧酸铯之后，器件的 V_{oc}、J_{sc}、FF、PCE 达到峰值，分别是 1.26V、15.51mA/cm^2、79.27%、15.45%。其中，PCE 15.45%距离目前最好的 17%仅差一步之遥。

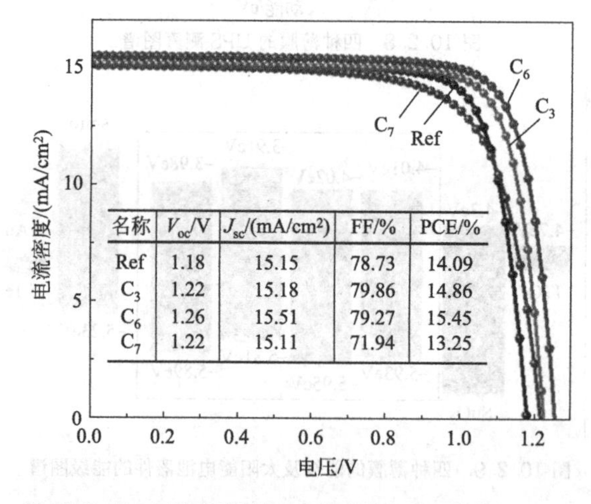

图 10.2.11 四种薄膜制备的钙钛矿太阳能器件指标 J-V 图

10.3 柔性透明银纳米电极制备技术

10.3.1 制备方案

AgNWs 的制备方法可以分为物理法和化学法，化学法因其工艺简单、操作方便、容易规模化等特点得到快速发展。其中，多元醇法因制备过程简单、产量高、条件温和、可重复性高、成本低、适合于工业化大规模生产等优点获得越来越多科研工作者的关注。AgNWs 可应用于发光二极管、太阳能电池、液晶显示器、微电极、可穿戴设备和柔性传感器等方面。

PVP 的作用：PVP 可以溶于乙二醇和水，在 AgNWs 的生长过程中起钝化作用，因而是一种封端剂。PVP 与每个界面的结合力不同，与 {100} 晶面的结合力要大于 {111}

晶面，所以 PVP 与表面的结合封住了沿 {100} 晶面的生长，并使 AgNWs 沿 {111} 晶面生长，导致最终产物为细长的纳米线。

10.3.2 制备设备和原料

制备设备和原料如表 10.3.1 和表 10.3.2 所列。

表 10.3.1 主要实验设备和仪器

仪器名称	仪器型号	生产厂家
电子天平	BSA224S-CW	北京赛多利斯仪器系统有限公司
磁力搅拌器	98-2	巩义市予华仪器有限责任公司
油浴锅	DF-101S	江苏金怡仪器科技有限公司
台式高速离心机	SIGM3-18	德国希格玛离心机有限公司
紫外-可见光谱分析仪	TU-1810	北京普析通用仪器有限责任公司
扫描电子显微镜	SIGMA 500	德国卡尔蔡司公司
X 射线衍射仪	Bruka D8 Advanced	Bruka axs
透投射电子显微镜	TECNAI G20	美国 FEI 公司

表 10.3.2 实验原料（试剂）

药品名称	化学式	纯度	厂家
硝酸银	$AgNO_3$	AR,≥99.8%	国药试剂
乙二醇(EG)	$(CH_2OH)_2$	CP,≥99.0%	国药试剂
聚乙烯吡咯烷酮(PVP)	$(C_6H_9NO)_n$	GR	国药试剂
氯化钠	NaCl	GR,≥99.8%	国药试剂
丙酮	CH_3COCH_3	AR	国药试剂
无水乙醇	C_2H_5OH	AR	国药试剂

10.3.3 制备步骤

(1) AgNWs 的制备

操作步骤如图 10.3.1 所示。

① 首先，配制 NaCl/EG 溶液，将 0.0585g NaCl 加入 10mL 的乙二醇（EG）中，搅拌直至完全溶解，留着备用；

② 接着用电子天平精确称量 0.204g $AgNO_3$，加至已量取的 20mL EG 中，然后将混合溶液转移至三颈烧瓶中，在常温下避光搅拌 10min；

③ 将 0.3996g PVP 分批缓慢加入三颈烧瓶中，同样避光搅拌 1h，直至 PVP 完全溶解；

④ 将配制好的 NaCl/EG 溶液量取 10μL，加至已经加有 PVP 的三颈烧瓶中，升温至 170℃，避光搅拌保温 40min，直至完全冷却至室温；

⑤ 反应后的混合原液分别以丙酮、无水乙醇为稀释剂进行稀释，以 5000r/min 离心 10min 后，倒掉上清液，重复离心操作 3 次，将所得产物转移至 40mL 无水乙醇中保存备用。

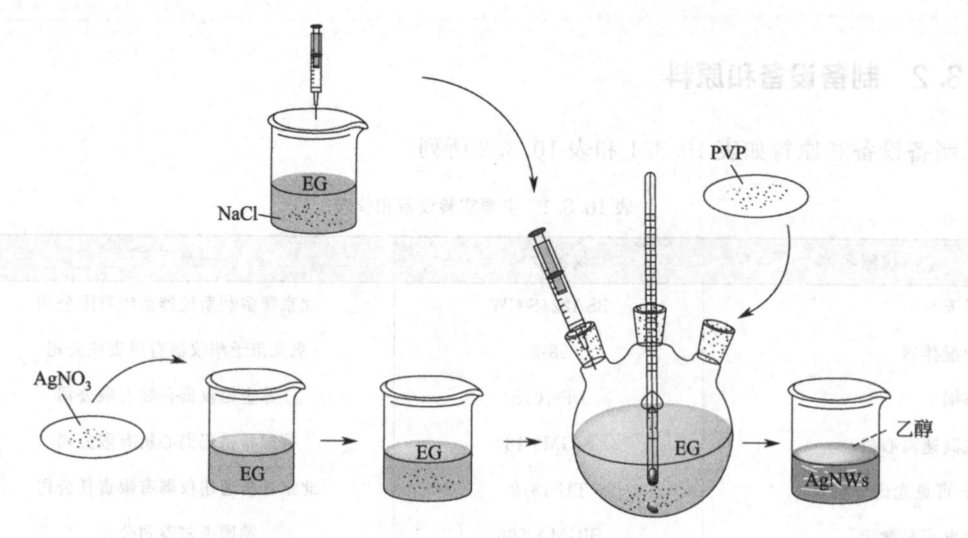

图 10.3.1　AgNWs 的制备工艺流程图

（2）AgNWs/MCE/PET 柔性透明电极薄膜的制备

AgNWs/MCE/PET 柔性透明电极薄膜（FTCFs）的制备工艺过程如图 10.3.2 所示。

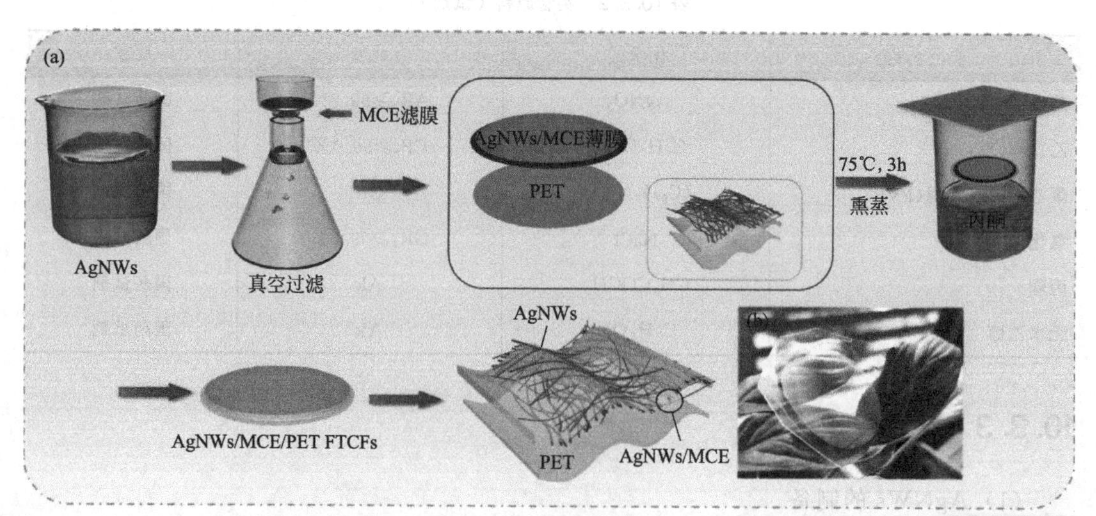

图 10.3.2　真空抽滤法制备 FTCFs 的制备工艺示意图（a）与 FTCFs 的光学图像（b）

在 AgNWs/MCE/PET 柔性透明电极薄膜的制备工艺中，需要对 AgNWs 进行均匀分散、真空过滤和熏蒸处理。具体操作步骤按图 10.3.2 进行。

① 首先，将制备好的不同含量的 AgNWs/乙醇溶液（0.25mL、0.5mL、1.0mL、2.0mL、3.0mL）加入 300mL 去离子水中，快速搅拌 10min，使 AgNWs 溶液均匀分散。

② 其次，将均匀分散的溶液倒入带有 MCE 滤膜的真空过滤装置中，即可得到

AgNWs/MCE 膜，将获得的 AgNWs/MCE 膜取下，置于 26℃、70%相对湿度的环境中进行干燥。

③ 然后，将 AgNWs/MCE 薄膜转移到经过氧等离子体处理的优良亲水性柔性 PET 衬底上，并放置在已经充满丙酮的密封装置中 30min，整个密封装置置于 75℃的加热平台上，用丙酮蒸汽熏蒸处理 3h。

④ 最后，将 AgNWs/MCE/PET 薄膜取出晾干，即可制备出具有夹层结构的 AgNWs/MCE/PET FTCFs。

所制备的柔性透明电极薄膜（FTCFs），最上面是起导电作用的 AgNWs 网络层，中间是嵌入层，由 MCE 滤膜层与 AgNWs 的黏结部分构成，最下面是 PET 层。

10.3.4 制备结果

AgNWs/MCE/PET 柔性透明电极薄膜（FTCFs）的测试结果如下。

（1）透光率测试

将制备得到的 AgNWs/MCE/PET FTCFs 垂直粘贴于样品池中，以 PET 为参比样，然后用普析 TU-1810 分光光度计测试，测定范围设置为 800～300nm。

（2）方阻测试

将制备得到的 AgNWs/MCE/PET FTCFs 放置在四探针电阻测试仪台面的测量区，通过探头与膜稳定接触，用电脑软件直接测量，结果显示在图 10.3.4 中。

（3）表面形貌观察

采用 SIGMA500 型扫描电子显微镜来表征 FTCFs 表面银线的分布情况（图 10.3.3）。样品准备：将薄膜剪成宽（3×3）mm^2 的方块，用导电胶带粘于样品台上，进行喷金，保存待测。

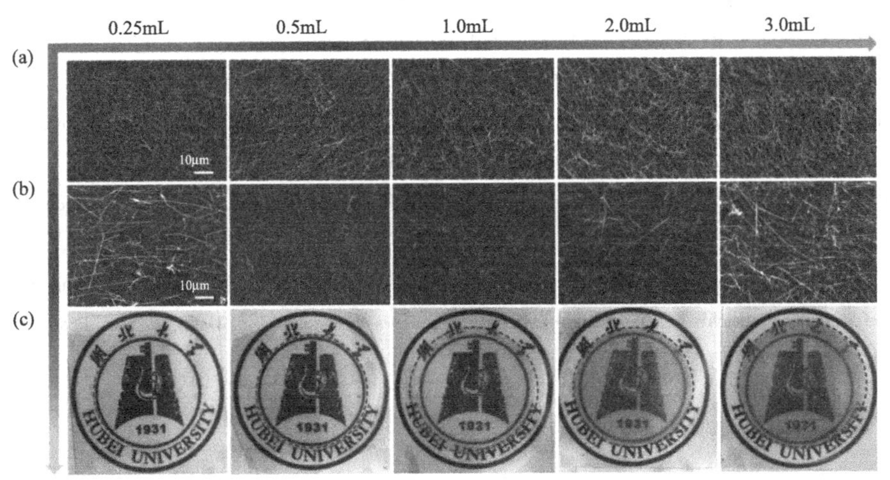

图 10.3.3 FTCFs 在丙酮蒸气熏蒸前（a）和后（b）的 SEM 图及丙酮蒸气熏蒸处理后的 FTCFs 光学图像（c）

(4) 光电性能

将图 10.3.3 (c) 中 FTCFs 的透光性用数字表示即为图 10.3.4 中右侧的透光率曲线。由图 10.3.4 可知，电阻率随低 AgNWs 浓度浓度降低而急剧增大。

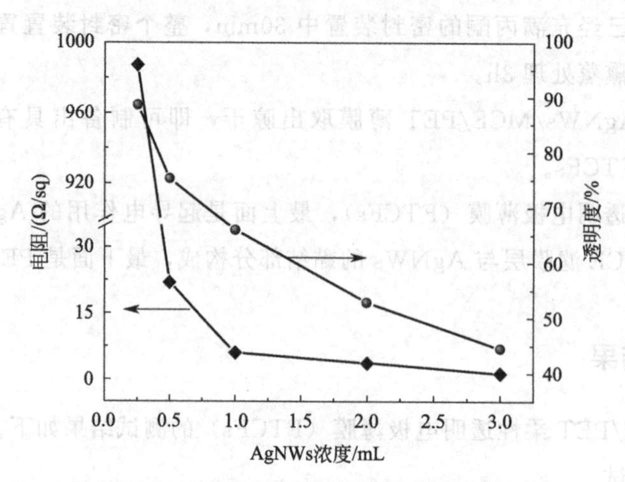

图 10.3.4 不同 AgNWs 含量 FTCFs 的光电性能比较

10.3.5 结论

透光率与表面电阻呈现相反的变化，当样品中 AgNWs 浓度为 0.5mL 时，FTCFs 在波长为 550nm 时的透过率降低到 75.2%，平均薄片电阻约为 21.95Ω/sq。

参考文献

[1] Zhao H, Han Y Z, Xu Z, et al. A novel anion doping for stable $CsPbI_2Br$ perovskite solar cells with an efficiency of 15.56% and an open circuit voltage of 1.30 V [J]. Adv Energy Mater, 2019, 9 (40): 1902279.

[2] Moot T, Marshall A R, Wheeler L M, et al. CsI-Antisolvent Adduct Formation in All-Inorganic Metal Halide Perovskites. Advanced energy materials [J]. Adv Energy Mater, 2020, 10 (9): 1903365.

[3] Duan X, Li X, Tan L, et al. Controlling crystal growth via an autonomously longitudinal scaffold for planar perovskite solar cells [J]. Adv Mater, 2020, 32 (26): 2000617.

[4] Xu P. All-inorganic perovskite $CsPbI_2Br$ as a promising photovoltaic absorber: a first-principles study [J]. J Chem Sci, 2020, 132: 1-8.

[5] Li Z, Li C J. Development of current-based microscopic defect analysis method using optical filling techniques for the defect study on heavily irradiated high-resistivity Si sensors/detectors [J]. Mater Sci Semi Proc, 2006, 9 (1-3): 283-287.